普通高等教育"十二五"规划教材

概率论与数理统计
(第2版)

康健 主编
董晓梅 毕秀国 副主编

国防工业出版社
·北京·

内 容 简 介

本书是普通高等教育"十二五"规划教材,根据工科类各专业概率论与数理统计课程的基本要求以及教育部最新颁布的研究生入学考试的考试大纲编写而成。本书共分九章,第一章概率论的基本概念;第二章随机变量及其分布;第三章二维随机变量及其分布;第四章随机变量的数字特征;第五章大数定律及中心极限定理;第六章样本及抽样分布;第七章参数估计;第八章假设检验;第九章回归分析。全书内容循序渐进,深入浅出,结合工科实际,力求使用较少的数学知识,强调概率统计概念的理解,注重应用。

本书是一本本科院校公共基础课教材,可作为高等学校工科、农医等专业的概率统计课程的教材,也可作为实际工作者的自学参考书。

图书在版编目(CIP)数据

概率论与数理统计 / 康健主编. —2版. —北京：
国防工业出版社，2022.1重印
普通高等教育"十二五"规划教材
ISBN 978-7-118-09515-9

Ⅰ.①概... Ⅱ.①康... Ⅲ.①概率论—高等
学校—教材 ②数理统计—高等学校—教材 Ⅳ.①O21

中国版本图书馆 CIP 数据核字(2014)第 087873 号

※

国防工业出版社出版发行
(北京市海淀区紫竹院南路23号 邮政编码100048)
北京富博印刷有限公司印刷
新华书店经售

*

开本 787×1092 1/16 印张 10½ 字数 280 千字
2022年1月第2版第5次印刷 印数 11501—14500 册 定价 26.00 元

(本书如有印装错误,我社负责调换)

国防书店：(010)88540777   发行邮购：(010)88540776
发行传真：(010)88540755   发行业务：(010)88540717

第 2 版前言

本教材第 1 版 2010 年出版,是普通高等教育"十二五"规划教材,主要供理工类专业本科学生使用,通过四年的教学实践,并根据读者反馈的意见和编者在教学科研实践工作中发现的问题,对教材进行了较为全面的修订.本教材符合我国高等教育改革的原则和方向,满足理工类专业指导性教学计划的要求.我们确立第 2 版教材的主导思想是:让大学生掌握概率论与数理统计的基本原理、基本知识、基本方法,并与解决实际问题的能力有机结合,为后继课程的学习打下一定的基础.

本教材出版以来,赖以众多同仁的器重,鼓励之余,见仁见智,提出了不少中肯的意见和建设.因此,借再版的机会,按照诸位同仁的意见和作者在教学、科研中的一些新的认识,对本书进行了充实和修订.在原有教材结构体系、内容取材和知识深度不变的情况下,进一步对概念进行了较为准确和严谨的阐述,力图文字更加流畅、层次更加分明、特色更为鲜明.

本次修订由大连工业大学康健教授主持,第一章~第四章由康健教授编写,第五章、第六章、第九章及附表由毕秀国编写,第七章、第八章由董晓梅编写,在再版印制之际,向在修订过程中对本书提供各种帮助的读者和同仁表示深切的致意,衷心地感谢国防工业出版社为本教材再版所做的大量工作.

限于编者水平,书中错误和不妥之处,垦请读者给予批评指正.

编 者
2014 年 4 月

第1版前言

"概率论与数理统计"是高等院校各专业普遍开设的一门重要的基础课程,也是学生首次接触的用数学方法以研究随机现象的统计规律为主的一门数学分支,其理论严谨,应用广泛,发展迅速. 也正是因为它具有自己独特的概念和逻辑思维方法,使得初学者常常感到困惑和茫然,其原因诸多,一是从过去研究"确定性现象"转到研究"随机现象"需要有一个适应的过程;二是本课程所涉及的应用领域极其广泛,又与其他数学分支有着密切的联系,而所涉及的数学工具,如排列、组合、集合及其运算、分段函数、广义积分等又是初学者容易忽视或不被重视的内容;三是本内容概念较多,甚至有些概念彼此相近,容易混淆,加之目前大多数院校面临着教学内容多、学时少以及教学要求不断提高的状况,使得很多学生难以掌握其基本理论,更谈不上应用了. 所以本书对教材内容及结构方面做了必要的调整,使内容更紧凑、系统性更强,在编写过程中力求做到由浅入深,语言简练,通俗易懂,便于教师教学和学生自学. 但也不失对基本理论的要求,这样可为学生进一步学习概率统计更高一级的课程打下必要而扎实的基础. 另外,本书还大量引用了应用于各个领域的随机现象的实际例题,特别是有典型应用价值的例题,以体现本书的实用性特点.

本书参考学时为48学时,其中带" * "号部分内容可根据专业的不同需求酌情删减. 本书每章都配有适量习题,便于学生复习巩固,提高学习质量.

全书共分九章,第一章 概率论的基本概念,第二章 随机变量及其分布,第三章 二维随机变量及其分布,第四章 随机变量的数字特征,第五章 大数定律及中心极限定理,第六章 样本及抽样分布,第七章 参数估计,第八章 假设检验,第九章 线性回归分析.

本书由大连工业大学数学系组织编写,参加编写的有康健(第一章~第五章)、董晓梅(第七章、第八章)、毕秀国(第六章、第九章、附表). 全书由康健统稿且最后定稿.

本书的编写过程中参阅了大量书籍,引用了一些典型例子等,恕不一一指明出处及相关作者,在此一并向他们表示衷心的感谢!

鉴于编者水平有限,疏漏与不当之处在所难免,恳切希望同行及学生给予批评指正.

编者
2010年5月

目 录

第一章 概率的基本概念 ... 1
 第一节 随机试验 ... 1
 第二节 样本空间 随机事件 ... 2
 第三节 事件的概率 ... 4
 第四节 古典概型 ... 8
 第五节 条件概率 独立性 ... 11
 习题 ... 18

第二章 随机变量及其分布 ... 22
 第一节 随机变量及其分布函数 ... 22
 第二节 离散型随机变量及其分布律 ... 25
 第三节 连续型随机变量及其概率密度 ... 30
 第四节 随机变量函数的分布 ... 37
 习题 ... 40

第三章 二维随机变量及其分布 ... 44
 第一节 二维随机变量 ... 44
 第二节 边际分布 ... 48
 第三节 条件分布* ... 53
 第四节 随机变量的独立性 ... 56
 第五节 二维随机变量函数的分布 ... 59
 习题 ... 64

第四章 随机变量的数字特征 ... 67
 第一节 数学期望 ... 67
 第二节 方差 ... 74
 第三节 协方差、相关系数和矩 ... 79
 习题 ... 84

第五章 大数定律和中心极限定理 ... 87
 第一节 大数定律 ... 87

| 第二节 中心极限定理 ……………………………………………………… 89
| 习题 …………………………………………………………………………… 91

第六章 随机样本及抽样分布 …………………………………………… 93
| 第一节 随机样本 …………………………………………………………… 93
| 第二节 抽样分布 …………………………………………………………… 95
| 习题 ………………………………………………………………………… 104

第七章 参数估计 ………………………………………………………… 105
| 第一节 点估计 …………………………………………………………… 105
| 第二节 估计量的评选标准 ……………………………………………… 111
| 第三节 区间估计 ………………………………………………………… 113
| 第四节 正态总体参数的区间估计 ……………………………………… 116
| 第五节 单侧置信区间* …………………………………………………… 122
| 习题 ………………………………………………………………………… 123

第八章 假设检验 ………………………………………………………… 126
| 第一节 假设检验概述 …………………………………………………… 126
| 第二节 正态总体均值的假设检验 ……………………………………… 128
| 第三节 正态总体方差的假设检验 ……………………………………… 134
| 习题 ………………………………………………………………………… 139

第九章 回归分析* ………………………………………………………… 142
| 第一节 一元线性回归 …………………………………………………… 142
| 第二节 多元线性回归 …………………………………………………… 146
| 习题 ………………………………………………………………………… 147

附录 ………………………………………………………………………… 149
| 附表1 泊松分布表 ……………………………………………………… 149
| 附表2 标准正态分布表 ………………………………………………… 152
| 附表3 t 分布表 ………………………………………………………… 153
| 附表4 χ^2 分布表 …………………………………………………………… 154
| 附表5 F 分布表 ………………………………………………………… 156

第一章　概率的基本概念

自然现象和社会现象是多种多样的,有一类现象,在一定条件下必然发生,称为确定性现象,例如,一石子向上抛后必然下落;在一个大气压下,水在 100℃时一定沸腾等. 另一类现象,称为不确定性现象,其特点是在一定的条件下可能出现这样的结果,也可能出现那样的结果,而且在试验和观察之前,不能预知确切的结果. 例如,在相同的条件下,向上抛掷一硬币,其落地后可能正面向上,也可能反面向上,并且在每次抛掷之前无法知道抛掷的结果;下周的股市可能会上涨,也可能会下跌等. 这种在大量重复试验或观察中所呈现出的固有规律性,就是统计规律性. 在大量重复试验中,其结果具有统计规律性的现象,称为随机现象. 概率论与数理统计就是研究随机现象的统计规律性的一门数学分支学科.

古典概型是概率论最早研究的一类实际问题,也是概率论入门时必须学习的主要内容.

正是因为有了条件概率和事件的独立性这两个非常重要的概念,概率论才能够成为一门独立的数学学科.

本章主要介绍概率论的基本概念和基本知识,以及一些简单应用. 这些基本概念和基本知识对于学习概率论与数理统计是至关重要的.

第一节　随 机 试 验

在研究自然现象和社会现象时,常常需要做各种试验,在这里,把各种科学试验以及对某一事物的某一特征的观察都认为是一种试验,下面是一些试验的例子:

E_1:抛掷一硬币,观察正面、反面出现的情况;

E_2:将一硬币抛掷 3 次,观察正面、反面出现的情况;

E_3:将一硬币抛掷 3 次,观察出现正面的次数;

E_4:抛一颗骰子,观察出现的点数;

E_5:在一批灯泡中任意抽取 1 只,测试它的寿命;

E_6:记录某地区一昼夜最高温度和最低温度.

上面的 6 个例子有以下特点:

(1) 试验可以在相同条件下重复进行;

(2) 每次试验的结果不止一个,且事先明确知道试验的所有可能结果;

(3) 在一次试验之前不能确定哪一个结果一定出现.

在概率论中,将具有以上 3 个特点的试验称为随机试验,记为 E. 本书以后提到的试验都是指随机试验.

第二节 样本空间 随机事件

一、样本空间

对于随机试验,尽管在每次试验之前不能预知试验的结果,但试验的所有可能结果是已知的,将随机试验 E 的所有可能结果组成的集合称为 E 的样本空间,记为 Ω;样本空间的元素,即 E 的每一个结果,称为样本点,记为 ω_i.

例 1-1 写出第一节中试验 E_k ($k=1,2,\cdots,6$) 的样本空间 Ω_k.

解:设 E 面为 H,反面为 T. Ω_1:{H,T};

Ω_2:{HHH,HHT,HTH,THH,HTT,THT,TTH,TTT};

Ω_3:{0,1,2,3};

Ω_4:{1,2,3,4,5,6};

Ω_5:$\{t \mid t \geqslant 0\}$;

Ω_6:$\{(x,y) \mid T_0 \leqslant x \leqslant y \leqslant T_1\}$,这里 x 表示最低温度(℃),y 表示最高温度(℃),并设这一地区的温度不会小于 T_0,也不会大于 T_1.

二、随机事件

把样本空间的任意一个子集称为一个随机事件,简称事件,用 A、B、C 等表示. 因此,随机事件就是试验的若干个结果组成的集合. 特别地,如果一个随机事件只含一个试验结果,则称此事件为基本事件.

由于样本空间 Ω 包含了所有的样本点,且是 Ω 自身的一个子集;在每次试验中它必然发生,所以称 Ω 为必然事件. 空集 $\varnothing$ 不包含任何样本点,它也是 Ω 的一个子集,且在每次试验中总不发生,所以称 $\varnothing$ 为不可能事件.

必然事件和不可能事件都是确定的,只是为了需要,把它归结为随机事件的两种特例.

例 1-2 在编号为 1,2,3,4,5 的 5 张卡片中,任意取 2 张,记录编号的和,试写出随机试验所有可能的不同结果的全体 Ω.

解:容易看到,最小编号和为 $1+2=3$,最大编号和为 $4+5=9$,编号和还能取 3~9 中的每个整数,记 ω_i 表示"编号和为 i" ($i=3,4,\cdots,9$).

故 $\Omega=\{\omega_3,\omega_4,\cdots,\omega_9\}$.

三、事件之间的关系与运算

既然事件是一个集合,因此有关事件间的关系、运算及运算规律也就按照集合间的关系、运算及运算规律来处理.

设 Ω 是试验 E 的样本空间,A、B 和 A_k($k=1,2,\cdots,n$) 是样本空间 Ω 中的事件.

1. 包含关系

如果事件 A 发生,必然导致事件 B 发生,则称 B 包含 A,或 A 包含于 B(图 1.1),记为 $B \supset A$ 或 $A \subset B$.

2. 两事件相等

若 $A \subset B$ 且 $B \subset A$,则称 A 与 B 相等,记为 $A=B$.

3. 事件的和

若两事件 A、B 至少有一个发生,则称事件 A 与 B 的和(图 1.2),记为 $A \cup B$ 或 $A+B$.

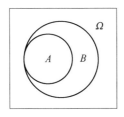

图 1.1 $A \subset B$

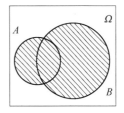

图 1.2 $A \cup B$

4. 事件的积

若事件 A 与 B 同时发生,则称 A 与 B 的积(图 1.3),记为 $A \cap B$ 或 AB.

5. 事件的差

若事件 A 发生,但事件 B 不发生,称为事件 A 与 B 的差(图 1.4),记为 $A-B$ 或 $A\bar{B}$.

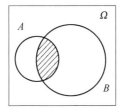

图 1.3 AB

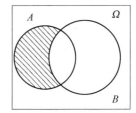

图 1.4 $A-B$

6. 互不相容(互斥)

若事件 A 与 B 满足 $AB=\varnothing$,则称 A 与 B 互斥,又称 A 与 B 互不相容(图 1.5).

由 A 与 B 互不相容的定义可以看出,A 与 B 互不相容,即 A 与 B 不可能同时发生,也就是说如果 A 发生了,B 就不会发生;反之,如果 B 发生了,A 就不会发生.

7. 逆事件(对立事件)

如果事件 A 与 B 满足条件 $A \cup B=\Omega$,$AB=\varnothing$,则称 A 与 B 互为逆事件,又称 A 与 B 互为对立事件(图 1.6),记为 $B=\bar{A}$ 或 $A=\bar{B}$,其中 B 称为 A 的逆事件.

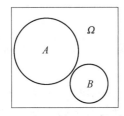

图 1.5 A 与 B 互斥

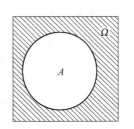

图 1.6 $\bar{A}$

易知 $\bar{A}$ 发生当且仅当 A 不发生. 显然有
$$\bar{\Omega}=\varnothing, \bar{\varnothing}=\Omega, \bar{\bar{A}}=A$$

图 1.1～图 1.6 直观地表示以上事件中间的关系和运算.

说明:事件的和与积都可推广到有限个或可列个的情形.

如: $\bigcup_{i=1}^{n} A_i$ 为事件 $A_1, A_2, \cdots, A_n$ 的和; $\bigcap_{i=1}^{n} A_i$ 为事件 $A_1, A_2, \cdots, A_n$ 的积.

事件的运算规律:

设 A、B、C 为事件,则有:

(1) 交换律 $A \cup B = B \cup A$, $A \cap B = B \cap A$

(2) 结合律 $A \cup (B \cup C) = (A \cup B) \cup C$
$A \cap (B \cap C) = (A \cap B) \cap C$

(3) 分配律 $A \cup (B \cap C) = (A \cup B) \cap (A \cup C)$
$A \cap (B \cup C) = (A \cap B) \cup (A \cap C)$

(4) 德摩根律 $\overline{A \cup B} = \bar{A} \cap \bar{B}$
$\overline{A \cap B} = \bar{A} \cup \bar{B}$

说明:事件的运算规律可推广到任意多个的情形.

例 1-3 在计算机系学生中任意选一名学生,令事件 $A=$ "选到的是男生",$B=$ "选到的是三年级学生",$C=$ "选到的是运动员".试问:

(1) 事件 $AB\bar{C}$ 的含义是什么?

(2) 在什么条件下,$ABC=C$ 成立?

解:(1) 事件 $AB\bar{C}$ 表示选到的是三年级的男生,但不是运动员.

(2) $ABC=C$ 等价于 $ABC \subset C$ 且 $C \subset ABC$,则有 $C \subset AB$,
即全系的运动员都是三年级的男生.

例 1-4 试用 Ω 中的三个事件 A、B、C 表示如下事件:

(1) A 与 B 都发生而 C 不发生;

(2) A、B、C 中至少发生一个.

解:(1) 事件 A 与 B 都发生而 C 不发生可以表示为
$AB\bar{C}$ 或 $AB-C$ 或 $AB-ABC$

(2) 事件 A、B、C 至少发生一个可以表示为
$$A \cup B \cup C \text{ 或}$$
$$A\bar{B}\bar{C} \cup \bar{A}B\bar{C} \cup \bar{A}\bar{B}C \cup AB\bar{C} \cup A\bar{B}C \cup \bar{A}BC \cup ABC$$

这里最后一个表达式中包含了 A、B、C 3 个事件"恰好发生 1 个"、"恰好发生 2 个"、"3 个都发生"这 3 种情况.

第三节　事件的概率

除必然事件和不可能事件外,任一事件在一次试验中可能发生,也可能不发生. 我们希望知道某些事件在一次试验中发生的可能性的大小,例如,为了确定水坝的高度,就要知道河流在造水坝地段每年最大洪水达到某一高度这一事件发生的可能性大小. 我们希

望找到一个合适的数来表征事件在一次试验中发生的可能性大小. 为此,首先引入频率,它描述了事件发生的频繁程度,进而引出事件在一次试验中发生的可能性大小的数——概率.

一、频率

若在 n 次试验中,事件 A 发生了 μ 次,则称

$$F_n(A) = \frac{\mu}{n} \tag{1.1}$$

为事件 A 在 n 次试验中出现的频率.

由于事件 A 发生的频率是它发生的次数与试验的次数之比,其大小表示事件 A 发生的频繁程度. 频率越大,事件 A 发生就频繁. 这就意味着事件 A 在一次试验中发生的可能性就大,反之亦然. 例如,抛掷一硬币,观察事件 $A=$ "正面 H" 的情况. 历史上曾有许多人做过了大量的试验,结果见表 1.1.

表 1.1

试验者	次数 n	频数 μ	频率 $F_n(A) = \frac{\mu}{n}$
德摩根	2048	1061	0.5181
蒲丰	4040	2048	0.5069
K·皮尔逊	12000	6019	0.5016
	24000	12012	0.5005
维尼	30000	14994	0.4998

从表 1.1 可以看出,抛掷一硬币的次数 n 较大时,频率 $F_n(A)$ 在 0.5 附近波动,频率呈现出稳定性,即当 n 逐渐增大时,频率 $F_n(A)$ 总是在 0.5 附近摆动,而逐渐稳定于 0.5.

大量试验证实,当重复试验的次数 n 逐渐增大时,频率 $F_n(A)$ 呈现出稳定性,逐渐稳定于一个常数. 这种"频率稳定性"即通常所说的统计规律性. 大量重复试验,计算频率 $F_n(A)$,以它来表征事件 A 发生可能性大小是合适的.

但是,在实际中不可能对每一个事件都做大量的试验,然后求得事件频率,用以表征事件发生可能性大小. 同时,为了理论研究的需要,从频率的稳定性和频率的性质得到启发,给出如下表征事件发生可能性大小——概率的定义.

二、事件的概率

1. 概率的定义

概率的统计定义:设在 n 次试验的事件中,事件 A 发生 μ 次,当 n 很大时,如果其频率 $\frac{\mu}{n}$ 稳定地在某一数值 p 附近摆动,且随着 n 的增加,摆动幅度越来越小,则称 p 为事件 A 的概率,记为 $P(A)=p$.

事件 A 的概率,通俗地讲就是刻画事件 A 发生的可能性大小的度量.

定义 1.1 （概率的定义[①]） 设 Ω 为随机试验 E 的样本空间，如果对于任意事件 $A \subset \Omega$，都有一个实数 $p(A)$ 与之对应，并且满足如下条件：

(1) 非负性　$P(A) \geqslant 0$；

(2) 规范性　$P(\Omega) = 1$；

(3) 可列可加性　若 $A_1, A_2, \cdots, A_n, \cdots$ 互不相容，则有

$$P\left(\bigcup_{i=1}^{\infty} A_i\right) = \sum_{i=1}^{\infty} P(A_i)$$

则称 $p(A)$ 为事件 A 的概率．

在上述定义中的 3 个条件中，第 3 个条件尤为重要，使用次数最多．例如，$\Omega \cap \varnothing = \varnothing$，并且 $\Omega \cup \varnothing = \Omega$，所以

$$P(\Omega) = P(\Omega \cup \varnothing) = P(\Omega) + P(\varnothing)$$

由于 $P(\Omega) = 1$，于是 $P(\varnothing) = 0$．

即不可能事件发生的概率等于 0．

2. 概率的基本性质

性质 1.1　$P(\varnothing) = 0$　　　　　　　　　　　　　　　　　　　　　(1.2)

证明：令 $A_1 = A_2 = \cdots A_n \cdots = \varnothing$，则有

$$A_1 \cup A_2 \cup \cdots \cup A_n \cup \cdots = \bigcup_{i=1}^{\infty} A_i = \varnothing, \text{且 } A_i A_j = \varnothing \, (i \neq j), \, i,j = 1,2,\cdots$$

所以

$$P(\varnothing) = P\left(\sum_{i=1}^{\infty} A_i\right) = \sum_{i=1}^{\infty} P(A_i) = \sum_{i=1}^{n} P(\varnothing)$$

由概率的非负性知：$P(\varnothing) \geqslant 0$，故由上式得 $P(\varnothing) = 0$．

性质 1.2（有限可加性）　若 $A_1, A_2, \cdots, A_n$ 满足 $A_i A_j = \varnothing \, (i \neq j)$，则

$$P\left(\bigcup_{i=1}^{n} A_i\right) = \sum_{i=1}^{n} P(A_i) \qquad (1.3)$$

证明：令 $A_{n+1} = A_{n+2} = \cdots = \varnothing$，且 $A_i A_j = \varnothing \, (i \neq j), \, i,j = 1,2,\cdots,n,\cdots$

由可列可加性，则有

$$P\left(\bigcup_{i=1}^{n} A_i\right) = P\left(\bigcup_{i=1}^{\infty} A_i\right) = \sum_{i=1}^{\infty} P(A_i) = \sum_{i=1}^{n} P(A_i)$$

性质 1.3（逆事件的概率）　对任何事件 A，有

$$P(\overline{A}) = 1 - P(A) \qquad (1.4)$$

证明：由于 $A\overline{A} = \varnothing$ 且 $A \cup \overline{A} = \Omega$，所以

$$1 = P(\Omega) = P(A \cup \overline{A}) = P(A) + P(\overline{A})$$

[①] Kolmogorov 于 20 世纪 30 年代给出的，在此之前许多人将概率论视为伪科学而拒不接受，在 Kolmogorov 给出概率定义之后，概率论才迅速发展成为一门科学，并日益应用且渗透到各个领域．

则
$$P(\bar{A}) = 1 - P(A)$$

性质 1.4（减法公式） 对任意事件 A 与 B 则有
$$P(A-B) = P(A\bar{B}) = P(A) - P(AB) \tag{1.5}$$

证明：因为 $A = AB \cup A\bar{B}$，且 AB 与 $A\bar{B}$ 互不相容，所以
$$P(A) = P(AB \cup A\bar{B}) = P(AB) + P(A\bar{B})$$

即
$$P(A\bar{B}) = P(A) - P(AB)$$

特殊地，若 $B \subset A$ 则有
$$P(A-B) = P(A) - P(B)$$

性质 1.5（加法公式） 对任意事件 A 与 B，则有
$$P(A \cup B) = P(B \cup A\bar{B}) = P(A) + P(B) - P(AB) \tag{1.6}$$

证明：因为 $A \cup B = B \cup A\bar{B}$，且 B 与 $A\bar{B}$ 互不相容，所以
$$P(A \cup B) = P(B \cup A\bar{B})$$
$$= P(B) + P(A\bar{B}) = P(A) + P(B) - P(AB)$$

加法公式可以推广到多个事件的情形，例如，设 $A、B、C$ 为事件，则有
$$P(A \cup B \cup C) = P(A) + P(B) + P(C) - P(AB) - P(AC) - P(BC) + P(ABC)$$
证明留给读者.

例 1-5 已知 $P(A) = 0.5, P(B) = 0.3, P(A \cup B) = 0.7$，求 $P(AB), P(A\bar{B})$，$P(\bar{A}B), P(\bar{A}\bar{B})$.

解：由加法公式 $P(A \cup B) = P(A) + P(B) - P(AB)$，故
$$P(AB) = P(A) + P(B) - P(A \cup B) = 0.5 + 0.3 - 0.7 = 0.1$$

由 $A\bar{B} = A(\Omega - B) = A - AB$，而 $AB \subset A$，根据减法公式，得
$$P(A\bar{B}) = P(A - AB) = P(A) - P(AB) = 0.5 - 0.1 = 0.4$$

同理：
$$P(\bar{A}B) = P(B - AB) = P(B) - P(AB) = 0.3 - 0.1 = 0.2$$
$$P(\bar{A}\bar{B}) = P(\bar{A}) - P(\bar{A}B) = 1 - 0.7 = 0.3$$
$$（或 P(\bar{A}\bar{B}) = P(\overline{A \cup B}) = 1 - 0.7 = 0.3）$$

例 1-6 已知 $P(A) = \dfrac{1}{2}, P(B) = \dfrac{1}{3}$，求下列 3 种情况下 $P(A-B)$ 的值：

(1) $AB = \varnothing$；

(2) $B \subset A$；

(3) $P(AB) = \dfrac{1}{4}$.

解：(1) 由 $P(AB) = 0$，由减法公式，得

$$P(A-B) = P(A) - P(AB) = \frac{1}{2}$$

(2) 由 $P(AB) = P(B) = \frac{1}{3}$,由减法公式,得

$$P(A-B) = P(A) - P(AB) = \frac{1}{2} - \frac{1}{3} = \frac{1}{6}$$

(3) 由 $P(AB) = \frac{1}{4}$,由减法公式,得

$$P(A-B) = P(A) - P(AB) = \frac{1}{2} - \frac{1}{4} = \frac{1}{4}$$

例 1-7 已知 $P(A) = 0.5$,$P(B) = 0.4$,$P(A-B) = 0.3$,求:
(1) $P(\overline{A} \cup \overline{B})$;
(2) $P(A \cup \overline{B})$.

解:(1) 由减法公式,得

$$P(A-B) = P(A) - P(AB) = 0.3, P(A) = 0.5$$

则得

$$P(AB) = 0.2$$

所以

$$P(\overline{A} \cup \overline{B}) = P(\overline{AB}) = 1 - P(AB) = 1 - 0.2 = 0.8$$

(2) $P(A \cup \overline{B}) = 1 - P(\overline{A}B) = 1 - P(B) + P(AB) = 1 - 0.4 + 0.2 = 0.8$

例 1-8 已知 $P(A) = P(B) = P(C) = \frac{1}{4}$,$P(AB) = P(BC) = \frac{1}{8}$,$P(AC) = 0$,求 A、B、C 都不发生的概率.

解:A、B、C 都不发生表示为 $\overline{A}\overline{B}\overline{C}$,则

$$\begin{aligned} P(\overline{A}\overline{B}\overline{C}) &= 1 - P(A \cup B \cup C) \\ &= 1 - (P(A) + P(B) + P(C) - P(AB) - P(AC) - P(BC) + P(ABC)) \\ &= 1 - \left(\frac{1}{4} + \frac{1}{4} + \frac{1}{4} - \frac{1}{8} - 0 - \frac{1}{8} + 0\right) = \frac{1}{2} \end{aligned}$$

第四节 古典概型

本节主要介绍概率论中最早研究的一类实际问题——古典概型,它是概率论最简单的应用之一.

定义 1.2 若随机试验 E 具有以下两个特点:
(1) 样本空间中的样本点总数为有限;
(2) 每个样本点出现的可能性相同(等概率).
则称此模型为古典概型.

古典概率是非常常见的随机现象,例如,掷硬币、抽扑克牌、抽签等都是古典概率.

古典概型的基本特征:一是有限性;二是等可能性.即试验 E 的样本空间是有限的,

记为 $\Omega=\{\omega_1,\omega_2,\cdots,\omega_n\}$，事件 $\omega_1,\omega_2,\cdots,\omega_n$ 的发生是等可能的，即

$$P\{\omega_1\}=P\{\omega_2\}=\cdots=P\{\omega_n\}=\frac{1}{n}$$

在古典概型中，假设样本空间中的样本点总数为 n，而事件 A 包含了 m 个样本点，则事件 A 的概率为

$$P(A)=\frac{m}{n} \tag{1.7}$$

设样本空间 $\Omega=\{\omega_1,\omega_2,\cdots,\omega_n\}$，$A\subset\Omega$，即 $A=\{\omega_{i_1},\omega_{i_2},\cdots,\omega_{i_m}\}$，事件 $\{\omega_1\},\{\omega_2\},\cdots,\{\omega_n\}$ 的发生是等可能的，即

$$P\{\omega_1\}=P\{\omega_2\}=\cdots=P\{\omega_n\}=\frac{1}{n}$$

则

$$P(A)=P\{\omega_{i_1},\omega_{i_2},\cdots,\omega_{i_m}\}=\sum_{k=1}^{m}P(\{\omega_{i_k}\})=\frac{m}{n}$$

例 1—9 从一副除去两张王牌的 52 张扑克牌中任意抽 5 张，求"没有 K 字牌"的概率.

解：设事件 $A=$ "没有 K 字牌"，由古典概型样本点总数为 C_{52}^5，事件 A 包含的样本点个数为 C_{48}^5，则

$$P(A)=C_{48}^5/C_{52}^5$$

例 1—10 某城市的电话号码由 7 位数字组成，每位数可以是从 0~9 这 10 个数字中的任意 1 个，求电话号码最后 4 位数全不相同的概率.

解：设事件 $A=$ "电话号码最后 4 位数全不相同"，由古典概型样本点总数为 10^7，事件 A 包含的样本点个数为 $10^3 \cdot A_{10}^4$，则

$$P(A)=A_{10}^4/10^4$$

在古典概型的计算中，排列数与组合数不应混淆，一个简单的方法是，交换次序后看是否是同一个事件. 如果交换次序后事件改变这是排列问题，否则是组合问题.

例 1—11 箱中有 10 件产品，其中有 1 件次品，在 9 件合格品中有 6 件一等品、3 件二等品，现从箱子中任取 3 件，试求：

(1) 取得的 3 件都是合格品，但是仅有 1 件是一等品的概率；

(2) 取得 3 件产品中至少有 2 件是一等品的概率.

解：设 $A=$ "取得的 3 件都是合格品，但是仅有 1 件是一等品"

$B=$ "取得 3 件产品中至少有 2 件是一等品"

(1) 10 件产品中任取 3 件，所有可能组合数为 C_{10}^3，而取得 3 件都是合格品，但是仅有 1 件是一等品(此时显然二等品为 2 件)的数目为 $C_6^1 \cdot C_3^2 \cdot C_1^0 = C_6^1 \cdot C_3^2$. 故所求概率为

$$P(A)=\frac{C_6^1 C_3^2}{C_{10}^3}=0.15$$

(2) 同第(1)小题，基本事件总数为 C_{10}^3，有利于事件 B 的基本事件数为 $C_6^2 C_4^1+C_6^3$ (第

一项为恰好有 2 件一等品,第二项为 3 件一等品);故所求概率为

$$P(B) = \frac{C_6^2 C_4^1 + C_6^3}{C_{10}^3} = \frac{2}{3}$$

例 1-12 从 $1,2,3,\cdots,9$ 这 9 个数中任取 3 个数,求:

(1) 3 个数之和为 10 的概率;

(2) 3 个数之积为 21 的倍数概率.

解:此题可以作为组合问题来处理,因为取出的 3 个数交换次序后不影响它们的和或积.

(1) 设 $A=$ "3 个数之和为 10", $B=$ "3 个数之积为 21",基本事件总数为 C_9^3,有利于 3 个数之和为 10 的基本事件只可能有 4 个,即取出的结果为 $\{1,2,7\}$, $\{1,3,6\}$, $\{1,4,5\}$, $\{2,3,5\}$,则所求概率为

$$P(A) = \frac{4}{C_9^3} = \frac{1}{21}$$

(2) 基本事件总数为 C_9^3,取出 3 个数之积为 21 的倍数,必须有 1 个数为 7,另外 2 个数中至少有 1 个数为 3 的倍数,故有利于 3 个数之积为 21 的倍数的基本事件数为 $C_1^1(C_3^1 C_5^1 + C_3^2)$,则所求的概率为

$$P(B) = \frac{C_1^1(C_3^1 C_5^1 + C_3^2)}{C_9^3} = \frac{3}{14}$$

例 1-13 将 3 个球随机地向标号为 1、2、3、4 的 4 个盒子中投放,试求以下事件的概率:

(1) 第 2 号盒子中恰好被投放 1 个球的概率;

(2) 第 1、2 号盒子中各投放 1 个球的概率.

解:每个球都可能投放标号为 1、2、3、4 的 4 个盒子中的任意一个,且是等可能性的,试验的所有基本事件数为 $4^3 = 64$. 设 $A=$ "第 2 号盒子中恰好被投放 1 个球", $B=$ "第 1,2 号盒子中各放 1 个球".

(1) 第 2 号盒子中恰好有 1 个球,可以为 3 个球中任一个球,故有 3 种可能性,其余 2 个球可投放另外 3 个盒子中,有 3^2 种可能性. 由乘法原理,有利的基本事件数为 $3 \times 3^2 = 27$,则所求概率为

$$P(A) = \frac{27}{64}$$

(2) $$P(B) = \frac{3 \times 2 \times 2}{64} = \frac{3}{16}$$

注:在(1)中不能认为有利的基本事件为数 3,得 $P_1 = \frac{3}{64}$,请读者考虑为什么?

例 1-14 有 10 件产品,其中 3 件次品,从中任意取出 3 件,求至少有 1 件是次品的概率.

解法一:设 $B = \{3$ 件中至少有 1 件是次品$\}$, $A_i = \{3$ 件中恰好有 i 件产品$\}$, $i=1,2,3$.

从 10 件产品任取 3 件有 C_{10}^3 种可能的结果,3 件中恰好有 i 件次品 ($i=1,2,3$) 的取

法有 $C_3^i C_7^{3-i}$ 种,因而

$$P(A_i) = \frac{C_3^i C_7^{3-i}}{C_{10}^3} \quad (i=1,2,3)$$

显然 A_1、A_2、A_3 是两两互不相容的,且 $B = \bigcup_{i=1}^{3} A_i$,故所求概率为

$$P(B) = P(\bigcup_{i=1}^{3} A_i) = \sum_{i=1}^{3} P(A_i) = \sum_{i=1}^{3} \frac{C_3^i C_7^{3-i}}{C_{10}^3} = \frac{17}{24}$$

解法二：如解法一,所设 $\bar{B} = \{3$ 件全是正品 $\}$,有

$$P(\bar{B}) = \frac{C_7^3}{C_{10}^3} = \frac{7}{17}$$

故所求概率为

$$P(B) = 1 - P(\bar{B}) = 1 - \frac{7}{24} = \frac{17}{24}$$

可见,有时利用对立事件间的关系求概率将更加方便.

第五节　条件概率　独立性

一、条件概率

条件概率是概率论中的一个重要而实用的概念,所研究的是在事件 A 已发生的条件下事件 B 发生的概率.下面举一个例子.

例 1-15　将一硬币抛掷两次,观察其正面 H、反面 T 出现的情况.设事件 A 为"至少有一次为 H",事件 B 为"两次掷出同一面".求在已知事件 A 已发生的条件下事件 B 发生的概率.

解：样本空间 $\Omega = \{HH, HT, TH, TT\}$,$A = \{HH, HT, TH\}$,$B = \{HH, TT\}$. 易知,此属于古典概型问题,已知事件 A 已发生,即 TT 不可能发生. 也就是说,试验所有的可能结果所组成的集合就是 A. A 中共有 3 个元素,其中 $HH \in B$. 于是,已知事件 A 已发生的条件下事件 B 发生的概率为

$$P(B \mid A) = \frac{1}{3}$$

另外,易知

$$P(A) = \frac{3}{4}, \quad P(AB) = \frac{1}{4}$$

则

$$P(B \mid A) = \frac{1}{3} = \frac{\frac{1}{4}}{\frac{3}{4}}$$

所以

$$P(B \mid A) = \frac{P(AB)}{P(A)}$$

在一般情况下,将上述的关系式作为条件概率的定义.

定义 1.3 设 A、B 为两个事件,当 $P(A)>0$ 时,称

$$P(B \mid A) = \frac{P(AB)}{P(A)} \tag{1.8}$$

为在事件 A 发生条件下 B 发生的条件概率.

例 1-16 盒子中有 4 只产品,其中 3 只一等品、1 只二等品,在盒子中任取 2 只,每次取 1 只,做不放回抽样.设事件 A 为"第一次取到的是一等品",事件 B 为"第二次取到的是一等品".求条件概率 $P(B \mid A)$.

解:由题意可知

$$P(A) = \frac{9}{12}, \quad P(AB) = \frac{6}{12}$$

由条件概率的定义,得

$$P(B \mid A) = \frac{P(AB)}{P(A)} = \frac{\frac{6}{12}}{\frac{9}{12}} = \frac{2}{3}$$

例 1-17 某厂生产的灯泡寿命在 10000h 的概率为 0.8,在 20000h 的概率为 0.2,试求已用 10000h 的灯泡能用 20000h 的概率.

解:设 $A=\{$灯泡寿命在 10000h$\}$,$B=\{$灯泡寿命在 20000h$\}$. 由于已用 20000h 的灯泡显然也用了 10000h 的,即 $B \subset A$,从而有 $AB=B$.

此题是求条件概率 $P(B \mid A)$,由定义

$$P(B \mid A) = \frac{P(AB)}{P(A)} = \frac{P(B)}{P(A)} = \frac{0.2}{0.8} = 0.25$$

例 1-18 机械系二年级 100 名学生中有男生(以 A 表示)80 人,来自北京的(以 B 表示)20 人,这 20 人中有男生 12 人,试求 $P(A), P(B), P(B \mid \overline{A}), P(\overline{A} \mid \overline{B})$.

解:由古典概型得

$$P(A) = \frac{80}{100} = 0.8, \quad P(B) = \frac{20}{100} = 0.2$$

$$P(B \mid \overline{A}) = \frac{20-12}{100-80} = 0.4, \quad P(\overline{A} \mid \overline{B}) = \frac{12}{80} = 0.15$$

注意:求条件概率一般有两种方法. 其一是直接由条件概率的定义 $P(B \mid A) = \frac{P(AB)}{P(A)}$,先求 $P(A)$ 和 $P(AB)$(例 1-16);其二是直接在缩小的样本空间中用古典概型计算(例 1-15、18),一般地,用第二种方法较简捷.

二、乘法公式

由条件概率的定义 1.3,显而易见,在 $P(A)>0$ 或 $P(B)>0$ 时,有

$$P(AB) = P(A)P(B \mid A) = P(B)P(A \mid B) \tag{1.9}$$

式(1.9)称为乘法公式.

乘法公式可以推广到多个事件的情形,例如,设 A、B、C 为事件,则有
$$P(ABC) = P(C \mid AB)P(B \mid A)P(A) \qquad (1.10)$$

例 1-19 盒子中有 10 个球,其中,6 个红球、4 个白球.在盒子中任取 1 只,取后不放回再取 1 只,试问:两次都取得红球的概率.

解: 设"第 1 次取得红球"为 A,"第 2 次取得红球"为 B. 则 $AB=$"两次都取得红球",容易求出
$$P(A) = \frac{6}{10}, \; P(B \mid A) = \frac{5}{9}$$

由乘法公式可得
$$P(AB) = P(A)P(B \mid A) = \frac{6}{10} \times \frac{5}{9} = \frac{1}{3}$$

注意:若将此例中"取后不放回再取 1 只"改为"取后放回再取 1 只",即把"不放回"变为"放回",则第 2 次抽取不受第 1 次的影响,此时
$$P(B \mid A) = P(B) = \frac{6}{10}$$

于是
$$P(AB) = P(A) \cdot P(B \mid A) = P(A) \cdot P(B) = \frac{6}{10} \times \frac{6}{10} = \frac{9}{25}$$

例 1-20 甲袋中有 2 个白球、1 个黑球,乙袋中有 2 个黑球、1 个白球,从甲袋中任取 1 个球放入乙袋,再从乙袋中任取 1 个球放回甲袋中,试求:

(1) 甲袋中还是 2 个白球、1 个黑球的概率 P_1;

(2) 甲袋中为 3 个白球的概率 P_2.

解: 记 $A=\{$从甲袋取出白球放入乙袋$\}$,$B=\{$从乙袋中取出白球放回甲袋$\}$. 由已知
$$P(A) = \frac{2}{3}, \quad P(\overline{A}) = \frac{1}{3}$$
$$P(B \mid A) = \frac{2}{4} = \frac{1}{2}, \quad P(B \mid \overline{A}) = \frac{1}{4}, \quad P(\overline{B} \mid \overline{A}) = 1 - \frac{1}{4} = \frac{3}{4}$$

(1) $P_1 = P\{AB \cup \overline{A}\overline{B}\} = P(AB) + P(\overline{A}\overline{B})$
$= P(A)P(B \mid A) + P(\overline{A})P(\overline{B} \mid \overline{A})$
$= \frac{2}{3} \times \frac{1}{2} + \frac{1}{3} \times \frac{3}{4} = \frac{7}{12}$

(2) $P_2 = P(\overline{A}B) = P(\overline{A})P(B \mid \overline{A})$
$= \frac{1}{3} \times \frac{1}{4} = \frac{1}{12}$

三、全概率公式和贝叶斯公式

定义 1.4 设 Ω 为一个样本空间,$A_1, A_2, \cdots, A_n$ 为 Ω 的一组事件,如果

(1) $A_1, A_2, \cdots, A_n$ 互不相容;

(2) $\bigcup_{i=1}^{n} A_i = \Omega$.

则称 $A_1, A_2, \cdots, A_n$ 为 Ω 的一个完备事件组或划分.

定理 1.1（全概率公式） 设事件 $A_1, A_2, \cdots, A_n$ 为样本空间 Ω 中的完备事件组（划分），且 $P(A_i) > 0 (i=1,2,\cdots,n)$，对任意事件 B，有

$$P(B) = \sum_{i=1}^{n} P(A_i) P(B \mid A_i) \tag{1.11}$$

式(1.11)称为全概率公式.

证明：由于 $A_1, A_2, \cdots, A_n$ 为样本空间 Ω 中的完备事件组（划分），所以

$$B = B \cap \Omega = B \cap \left(\bigcup_{i=1}^{n} A_i\right) = \bigcup_{i=1}^{n} (A_i B)$$

且 $A_1 B, A_2 B, \cdots, A_n B$ 两两互不相容，所以由概率的可加性得

$$P(B) = \sum_{i=1}^{n} P(A_i B) = \sum_{i=1}^{n} P(A_i) P(B \mid A_i)$$

在全概率公式的应用中，划分是最关键的，有了划分，才能应用全概率公式.

定理 1.2（贝叶斯公式） 设事件 $A_1, A_2, \cdots, A_n$ 为样本空间 Ω 中的完备事件组（划分），且 $P(A_i) > 0 (i=1,2,\cdots,n)$，对任意事件 B，有

$$P(A_i \mid B) = \frac{P(A_i) P(B \mid A_i)}{\sum_{i=1}^{n} P(A_i) P(B \mid A_i)} \tag{1.12}$$

式(1.12)称为贝叶斯公式.

可由

$$P(A_i B) = P(A_i) P(B \mid A_i) = P(B) P(A_i \mid B)$$

即得贝叶斯公式.

例 1-21 已知 5% 的男人和 0.25% 的女人是色盲. 假设男人和女人各占 50%，现在随机地挑选 1 人，求此人恰好是色盲患者的概率为多大？

解：设 $A_1 = \{$挑选 1 人是男人$\}$，$A_2 = \{$挑选 1 人是女人$\}$；$B = \{$挑选 1 人是色盲$\}$.

由题意

$$P(A_1) = P(A_2) = 0.5$$

又

$$P(B \mid A_1) = 0.05, \quad P(B \mid A_2) = 0.0025$$

由全概率公式，挑选 1 人是色盲的概率为

$$P(B) = \sum_{i=1}^{2} P(A_i) P(B \mid A_i) = 0.5 \times 0.05 + 0.5 \times 0.0025 = 0.02625$$

例 1-22 2 台车床加工同样的零件，第 1 台车床出现废品的概率为 0.03，第 2 台车床出现废品的概率为 0.02，2 台车床加工的零件放在一起，并且已知第 1 台车床加工的零

件比第2台车床加工的零件多1倍,试求:

(1) 任取一个零件是合格品的概率;

(2) 如果取出的零件是废品,求是第2台车床加工的概率.

解:设 $A_i = \{$ 取出的零件是第 i 台车床加工 $\}$, $(i=1,2)$, $B = \{$ 取得废品 $\}$ 由已知

$$P(A_1) = \frac{2}{3}, P(A_2) = \frac{1}{3}, P(\bar{B} \mid A_1) = 0.97, P(\bar{B} \mid A_2) = 0.98$$

(1) 由全概率公式,任取一个是合格品的概率为

$$P(\bar{B}) = \sum_{i=1}^{2} P(A_i) P(\bar{B} \mid A_i)$$

$$= \frac{2}{3} \times 0.97 + \frac{1}{3} \times 0.98 = \frac{292}{300}$$

(2) 由贝叶斯公式,如果取出为废品,它是第2台车床加工的概率为

$$P(A_2 \mid B) = \frac{P(A_2) P(B \mid A_2)}{P(B)} = \frac{\frac{1}{3} \times 0.02}{1 - \frac{292}{300}} = \frac{1}{4}$$

例 1-23 甲袋中有2个白球、3个红球,乙袋有4个白球、2个红球,从甲袋任取2个球放入乙袋,再从乙袋中任取1个球,试求:

(1) 取出白球的概率;

(2) 若已知取到白球,由甲袋放入乙袋的2个球都是白球的概率是多少?

解:从甲袋中取2个球有3种情形:没有白球,恰有1个白球,2个都是白球. 设 $A_i = \{$ 从甲袋中任取2个球中有 i 个白球 $\}$ $i=0,1,2$, $B = \{$ 从乙袋中取出白球 $\}$. 由题意,可得

$$P(A_i) = \frac{C_2^i C_3^{2-i}}{C_5^2} (i = 0,1,2)$$

即

$$P(A_0) = \frac{C_3^2}{C_5^2} = \frac{3}{10}, \ P(A_1) = \frac{C_2^1 C_3^1}{C_5^2} = \frac{6}{10}, \ P(A_2) = \frac{C_2^2}{C_5^2} = \frac{1}{10}$$

又

$$P(B \mid A_0) = \frac{C_4^1}{C_8^1} = \frac{4}{8}, \ P(B \mid A_1) = \frac{C_5^1}{C_8^1} = \frac{5}{8}, \ P(B \mid A_2) = \frac{C_6^1}{C_8^1} = \frac{6}{8}$$

(1) 由全概率公式,取出白球的概率为

$$P(B) = \sum_{i=0}^{2} P(A_i) P(B \mid A_i)$$

$$= \frac{3}{10} \times \frac{4}{8} + \frac{6}{10} \times \frac{5}{8} + \frac{1}{10} \times \frac{6}{8} = \frac{3}{5}$$

(2) 由贝叶斯公式,所求概率为

$$P(A_2 \mid B) = \frac{P(A_2) P(B \mid A_2)}{P(B)} = \frac{\frac{1}{10} \times \frac{6}{8}}{\frac{19}{40}} = \frac{1}{8}$$

四、事件的独立性

设 A、B 为试验 E 的两个事件,当 $P(A)>0$ 时,可以定义条件概率 $P(B|A)$. 一般来说,事件 A 的发生对事件 B 发生的概率是有影响的,这时 $P(B|A)\neq P(B)$. 即在一般情况下,$P(AB)\neq P(A)P(B)$. 那么在什么情况下,有

$$P(B \mid A) = P(B) \ (P(AB) = P(A)P(B))$$

为此,给出独立性的定义.

定义 1.5 对事件 A 与 B,若有

$$P(AB) = P(A)P(B) \tag{1.13}$$

成立,则称事件 A 与 B 相互独立.

由独立性可得,若事件 A 与 B 相互独立,$P(A)>0$,则有 $P(B|A)=P(B)$;说明事件 A 发生与否对事件 B 的概率没有影响.

性质 1.6 若事件 A、B 相互独立,则 A、$\bar{B}$,$\bar{A}$、B,$\bar{A}$、$\bar{B}$ 也相互独立.

证明:因为事件 A 与 B 相互独立,有

$$P(AB) = P(A)P(B)$$

所以

$$P(\bar{A}B) = P(B) - P(AB) = P(B) - P(A)P(B)$$
$$= P(B)(1-P(A)) = P(\bar{A})P(B)$$

故 $\bar{A}$、B 相互独立.

A、$\bar{B}$,$\bar{A}$、$\bar{B}$ 相互独立留作读者练习.

例 1-24 掷一均匀硬币 2 次,令事件 $A_1=\{$第 1 次为正面$\}$,事件 $A_2=\{$第 2 次为反面$\}$,事件 $A_3=\{$正反面各 1 次$\}$. 试判断 A_1、A_2、A_3 中任意两个事件是否相互独立.

解:由于

$$P(A_1) = \frac{1}{2}, \ P(A_2) = \frac{1}{2}, \ P(A_3) = \frac{1}{2}$$

并且

$$P(A_1A_2) = \frac{1}{4}, \ P(A_1A_3) = \frac{1}{4}, \ P(A_2A_3) = \frac{1}{4}$$

所以 A_1、A_2、A_3 中任意两个事件都是相互独立的.

以上已经讨论了两个事件相互独立的定义和基本性质,下面研究多个事件相互独立性问题.

定义 1.6 设 $A_1, A_2, \cdots, A_n$ 为 n 个事件,如果从中任取 k 个事件($2 \leqslant k \leqslant n$),$A_{i_1}, A_{i_2}, \cdots, A_{i_k}$ 都满足

$$P(A_{i_1}A_{i_2}\cdots A_{i_k}) = P(A_{i_1})P(A_{i_2})\cdots P(A_{i_k}) \tag{1.14}$$

则称 $A_1, A_2, \cdots, A_n$ 相互独立.

定义 1.7 如果 $A_1, A_2, \cdots, A_n$ 中任意两个事件都是相互独立的,即

$$P(A_iA_j) = P(A_i)P(A_j), \ (i,j = 1,2,\cdots,n; \ i \neq j) \tag{1.15}$$

则称 $A_1, A_2, \cdots, A_n$ 两两相互独立.

特殊地,对三个事件 A、B、C,如果满足等式

$$P(ABC) = P(A)P(B)P(C)$$

且

$$P(AB) = P(A)P(B), P(AC) = P(A)P(C), P(BC) = P(B)P(C)$$

则称 A、B、C 相互独立.

注意:若 A、B、C 相互独立,一定两两独立;但两两独立,不能保证 A、B、C 相互独立.

例 1-25 试判断例 10-24 中的事件 A_1、A_2、A_3 是否相互独立.

解:由于

$$P(A_1) = \frac{1}{2}, P(A_2) = \frac{1}{2}, P(A_3) = \frac{1}{2}$$

并且

$$P(A_1 A_2 A_3) = \frac{1}{4}$$

但

$$P(A_1 A_2 A_3) \neq P(A_1) P(A_2) P(A_3)$$

因此事件 A_1、A_2、A_3 不是相互独立的.

例 1-26 生产产品需要 3 道工序,彼此独立,每道工序生产产品是合格品的概率为 0.95、0.9 和 0.8,求产品合格的概率.

解:设 $A_i = \{$第 i 道生产合格品$\}$, $i=1,2,3$; $B = \{$产品合格$\}$. 则 $B = A_1 A_2 A_3$,故所求概率为

$$P(B) = P(A_1 A_2 A_3) = P(A_1) P(A_2) P(A_3) = 0.95 \times 0.9 \times 0.8 = 0.684$$

例 1-27 已知 A、B、C 两两独立,$P(A) = P(B) = P(C) = \frac{1}{2}$,$P(ABC) = \frac{1}{5}$,求 $P(AB\bar{C})$.

解:$P(AB\bar{C}) = P(AB-C) = P(AB) - P(ABC)$

$$= P(A)P(B) - P(ABC) = \frac{1}{2} \times \frac{1}{2} - \frac{1}{5} = \frac{1}{20}$$

例 1-28 某产品中一等品、二等品、三等品各占 80%、15% 和 5%,现放回抽样,每次取 1 件,共取 3 件,试求以下各事件的概率:

(1) 3 件都是一等品;

(2) 3 件的等级全不相同;

(3) 3 件的等级不全相同.

解:设 A_i、B_i、C_i 分别表示"第 i 次取得一等品""第 i 次取得二等品""第 i 次取得三等品",$i=1,2,3$.

(1) $P(A_1 A_2 A_3) = P(A_1) P(A_2) P(A_3) = 0.8^3 = 0.512$

(2) $P(3$ 件的等级全不相同$) = 3! \times 0.8 \times 0.15 \times 0.05 = 0.036$

(3) $P(3$ 件的等级不全相同$) = 1 - P(3$ 件的等级全相同$)$

$$=1-(0.8^3+0.15^3+0.05^3)=0.4845$$

例 1－29 3 个元件串联的电路中,每个元件发生断电的概率依次是 0.3、0.4 和 0.6,求电路断电的概率.

解:设 A_i 表示"第 i 个元件发生断电",$i=1,2,3$;$B=\{$ 电路断电 $\}$. 则
$$B=A_1\cup A_2\cup A_3, \bar{B}=\bar{A}_1\bar{A}_2\bar{A}_3$$

所求概率为
$$P(B)=1-P(\bar{B})=1-P(\bar{A}_1\bar{A}_2\bar{A}_3)$$
$$=1-P(\bar{A}_1)P(\bar{A}_2)P(\bar{A}_3)=1-(1-0.3)(1-0.4)(1-0.6)=0.832$$

五、伯努利试验

下面研究一类广泛使用的试验模型——伯努利试验.

每次试验都是在相同条件下进行的,各次试验相互独立,如果试验进行了 n 次,则称为 n 重独立重复试验.

在 n 重独立重复试验的前提下,若每次试验有两种结果 A 及 $\bar{A}$ 且 $P(A)=p$,$P(\bar{A})=1-p$,则称为 n 重伯努利试验,也称伯努利概型.

若在一次试验中事件 A 发生的概率为 $P(A)=p(0<p<1)$,则在 n 重伯努利试验中事件恰好发生 k 次的概率为
$$P_n(k)=C_n^k p^k q^{n-k}\quad(k=0,1,2,\cdots,n;q=1-p) \tag{1.16}$$

例 1－30 一射手向目标连续射击 10 次,已知每次命中率均为 0.6,且每次命中与否相互独立,试求:

(1) 恰好命中 3 次的概率;

(2) 至少命中 3 次的概率.

解:(1)恰好命中 3 次的概率为
$$P=C_{10}^3 0.6^3 \cdot 0.4^7$$

(2) 至少命中 3 次的概率为
$$P=1-C_{10}^0 0.6^0 \cdot 0.4^{10}-C_{10}^1 0.6^1 \cdot 0.4^9-C_{10}^2 0.6^2 \cdot 0.4^8$$

习 题

1. 写出下列试验的样本空间:

(1) 将一枚硬币抛掷两次,观察出现正面的次数;

(2) 抛两颗骰子,观察出现的点数之和;

(3) 在单位圆内任取一点,记录它的坐标;

(4) 观察某医院一天内前来就诊的人数.

2. 设样本空间 $\Omega=\{X|0\leqslant x\leqslant 2\}$. 事件 $A=\{x|0.5\leqslant x\leqslant 1\}$,$B=\{x|0.8<x\leqslant 1.6\}$ 具体写下列各事件:

(1) AB;(2) $A-B$;(3) $\overline{A-B}$;(4) $\overline{A\cup B}$.

3. 试用 Ω 中的 3 个事件 A、B、C 表示如下事件:

(1) A 发生,而 B 与 C 都不发生;

(2) A、B、C 中至少有 1 个发生;

(3) A 与 B 发生,而 C 不发生;

(4) B 发生,而 A 与 C 不发生;

(5) A、B、C 都不发生;

(6) A、B、C 中不多于 1 个发生;

(7) A、B、C 中不多于 2 个发生.

4. 设 $P(A)=a$,$P(B)=b$,$P(AB)=c$,用 a、b、c 表示下面事件的概率: $P(A\cup B)$,$P(\overline{A}\cup B)$,$P(\overline{A}\cup \overline{B})$,$P(\overline{A}B)$.

5. 设 B 为随机事件,$P(A)=0.7$,$P(A-B)=0.3$,求 $P(\overline{A\cup B})$.

6. 设 A、B 为随机事件,$P(A)=0.4$,$P(B)=0.25$,$P(A-B)=0.25$,求 $P(AB)$,$P(A\cup B)$,$P(\overline{AB})$,$P(\overline{A}B)$.

7. 设 $P(A)=0.4$,$P(B)=0.3$ 且 A,B 互斥,求 $P(A\cup B)$,$P(\overline{A}\cup B)$.

8. 某城市的电话号码由 7 位数字组成,每位数可以是从 0~9 这 10 个数字中的任意一个,求电话号码最后四位数全不相同的概率.

9. 今从 0~9 这 10 个数中任取 3 个不同的数.设 A={3 个数中不含 0 和 5},B={3 个数中最大数为 7},求 $P(A)$,$P(B)$.

10. 口袋中有 3 个红球、12 个白球,依次随机地从口袋中不放回地取 10 个球,每次取 1 个球,求:

(1) 第 1 次取得红球的概率;

(2) 第 5 次取得红球的概率.

11. 在一副扑克(52)中任取 3 张,求取出的牌中至少有两张花色相同的概率.

12. 在 1000 件产品中含有 10 件次品,今从中任意取 2 件,求其中至少有一件是次品的概率.

13. 12 个乒乓球中有 4 只白色的,8 只黄色的,现从这 12 只乒乓球中随机地取出 2 只,求下列事件的概率:

(1) 取到 2 只黄球;

(2) 取到 2 只白球;

(3) 取到 1 只白球,1 只黄球.

14. 已知 $P(A)=0.25$,$P(B|A)=0.3$,$P(A|B)=0.5$,求 $P(A\cup B)$.

15. 20 个零件中有 5 个次品,每次从中任意取一个,做不放回的抽取,求第 3 次才取得合格品的概率.

16. 证明:若 $P(A|B)>P(A)$,则 $P(B|A)>P(B)$.

17. 证明:若 $P(A)=a$,$P(B)=b$,则 $P(A|B)\geqslant \dfrac{a+b-1}{b}$.(提示:注意 $P(AB)=P(A)+P(B)-P(A\cup B)\geqslant a+b-1$)

18. 一个工人照管甲、乙、丙 3 台机床,在 1h 内,各机床不需工人照管的概率分别为 0.9、0.8、0.7.求 1h 内:

(1) 只有丙机床需人照管的概率;

(2) 3 台机床最多有 1 台需要照管的概率;

(3) 3 台机床至少有 1 台需要照管的概率.

19. 口袋中有 50 个球,其中,20 个黄球、30 个白球,今有两人依次随机地从口袋中各取 1 个球,取后不放回,求第 2 个人取得黄球的概率.

20. 口袋中有 15 个球,其中,9 个新球、6 个旧球. 第 1 次比赛时从中任意取 1 个,比赛完后仍放回袋中,第 2 次比赛时再从袋中任意取 1 个,试求:

(1) 第 1 次恰好取到新球的概率;

(2) 第 2 次恰好取到新球的概率;

(3) 已知第 2 次恰好取到新球,则第 1 次也取到新球的概率是多少.

21. 某厂甲、乙、丙 3 个车间生产同一种产品,其产量分别占全厂总产量的 40%、38%、22%,经检验知,各车间的次品率分别为 0.04、0.05、0.03. 现从该种产品中任意取 1 件进行检查,试求:

(1) 这件产品是次品的概率;

(2) 已知抽得的一件是次品,来自甲、乙、丙各车间的概率各是多少?

22. 发报台分别以概率 0.6 和 0.4 发出信号"·"和"—",由于通信系统受到干扰,当发出信号"·"时,收报台未必收到信号"·",而是分别以概率 0.8 和 0.2 收到信号"·"和"—";又当发出信号"—"时,收报以概率 0.9 和 0.1 收到信号"—"和"·". 试求:

(1) 收报台收到信号"·"的概率;

(2) 当收报台收到信号"·"时,发报台是发出信号"·"的概率.

23. 设第 1 个箱子中有 5 个白球、4 个红球、3 个黑球,第 2 个箱子中有 3 个白球、4 个红球、5 个黑球,独立地分别在两个箱子中任取 1 个球,试求:

(1) 至少有 1 个白球的概率;

(2) 有 1 个白球和 1 个黑球的概率.

24. 设 A、B 为随机事件,$P(A)=0.92$,$P(B)=0.93$,$P(B|\overline{A})=0.85$. 求 $P(A|\overline{B})$,$P(A \cup B)$.

25. 设事件 A、B 相互独立,且 $P(A)=0.5$,$P(A \cup B)=0.8$,求 $P(A\overline{B})$,$P(\overline{A} \cup B)$.

26. 设 $P(A)=0.4$,$P(A \cup B)=0.7$. 在下列情况下,试求 $P(B)$:

(1) 若 A、B 互不相容;

(2) 若 A、B 相互独立;

(3) 若 $A \subset B$.

27. 设 $P(A)=P(B)=P(C)=\frac{1}{3}$,$A$、$B$、$C$ 相互独立. 试求

(1) A、B、C 至少出现一个的概率;

(2) A、B、C 恰好出现一个的概率;

(3) A、B、C 至多出现一个的概率.

28. 甲、乙、丙三人独立地向同一目标各射击一次,他们击中目标的概率分别为 0.7、0.8 和 0.9,求目标被击中的概率.

29. 若 $P(B|A)=P(B|\bar{A})$,证明:事件 A 与 B 相互独立.

30. 证明:若 $P(A)>0$,则 $P(B|A) \geqslant 1-\dfrac{P(\bar{B})}{P(A)}$. (提示: $P(A \cup B)=P(A)+P(B)-P(AB) \leqslant 1$)

31. 随机事件 A 和 B 满足: $0<P(A)<1, 0<P(B)<1$,且 $P(A|B)+P(\bar{A}|\bar{B})=1$,证明:事件 A 和 B 相互独立.

第二章 随机变量及其分布

随机变量是概率论中最重要的概念之一,引入随机变量的主要目的之一就是将高等数学中的方法应用到概率论中.随机变量可以说是古典概率与现代概率的分水岭.概率论的几乎所有问题以及所有的应用都离不开随机变量.

本章首先介绍随机变量的概念.

第二部分介绍随机变量的分布函数,从本质上讲,随机变量的分布函数决定了随机变量的一切性质.研究随机变量就是研究随机变量的分布函数,在本章中只研究两类随机变量:离散型随机变量和连续型随机变量.

第三部分介绍离散型随机变量及其分布律,离散型随机变量的分布律与该随机变量的分布函数是等价的,离散型随机变量的分布律决定了该随机变量的一切性质,对离散型随机变量来说,研究分布律比研究分布函数要简单.

第四部分介绍连续型随机变量及其概率密度,连续型随机变量的概率密度函数与该随机变量的分布函数是等价的,连续型随机变量的概率密度决定了该随机变量的一切性质,对连续型随机变量来说,研究概率密度函数比研究分布函数要简单.

最后介绍随机变量的函数分布,在实际问题中,往往会遇到一些比较复杂的随机变量,这些复杂的随机变量又可以表示成某个简单随机变量的函数形式,所以如何求随机变量的函数的分布就显得尤有重要.

第一节 随机变量及其分布函数

一、随机变量

在第一章我们看到一些随机试验,它们的结果可以用数来表示.此时样本空间 Ω 的元素是一个数,如 $\Omega_3=\{0,1,2,3\}$,$\Omega_4=\{1,2,3,4,5,6\}$,但有些则不然,如 Ω_1、Ω_2.当样本空间 Ω 的元素不是一个数时,人们对于 Ω 就难以描述和研究.本章来讨论如何引入一个法则,将随机试验的每一个结果与实数 x 对应起来,即样本空间 Ω 中的每一个元素 ω 与实数 x 对应,从而引入了随机变量的概念,首先看几个简单的例子.

例 2-1 掷一枚硬币两次,样本空间 $\Omega=\{\omega_{00},\omega_{01},\omega_{10},\omega_{11}\}$,"0"表示反面,"1"表示正面,出现正面(或反面)的次数是不确定的,如果以 X 表示这两次中出现正面的次数,则有

$$X(\omega_{00})=0,\ X(\omega_{01})=1,\ X(\omega_{10})=1,\ X(\omega_{11})=2$$

X 的可能取值为 0、1、2 三个数.

例 2-2 从一批量为 N、次品率为 p 的产品中,不放回抽取 $n(n\leqslant Np)$ 个样品,如果以 X 表示抽到样品中的次品数,X 的取值是不确定的,则有 $X=0,1,2,\cdots,n$.

例 2—3 对某只灯泡做寿命试验,样本空间 $\Omega=\{\omega,0\leqslant\omega<\infty\}$,如果以 X 表示灯泡使用寿命,X 的取值是随机的,则有:X 的可能取值 $X(\omega)=\omega$,即 $0\leqslant X<\infty$.

定义 2.1 对于给定的随机试验,Ω 是其样本空间,对 Ω 中每一个样本点 ω,有且只有一个实数 $X(\omega)$ 与之对应,则称此定义在 Ω 上的实值函数 X 为随机变量.

通常用大写英文字母表示随机变量,用小写英文字母表示其取值.

随机变量的取值随试验的结果而定,而试验的各个结果出现有一定的概率,因而随机变量的取值有一定的概率.例如,在例 2—1 中 X 取值为 1,记为 $\{X=1\}$,对应于样本点的集合 $A=\{\omega_{01},\omega_{10}\}$,这是一个事件,当且仅当事件 A 发生时有 $\{X=1\}$,则有 $P(A)$ 为 $\{X=1\}$ 的概率,即 $P\{X=1\}=P(A)=\dfrac{1}{2}$.

实际上,设 X 在随机试验 E 中,随着试验结果的不同而随机地取各种不同的值,并且对取每一个数值或某一范围内的值都有相应的概率,则 X 为一随机变量.

随机变量的引入,使人们能用随机变量来描述各种随机现象,并能利用数学分析的方法对随机试验的结果进行深入广泛的研究和讨论.

二、随机变量的分布函数

定义 2.2 设 X 是一随机变量,则称函数
$$F(x)=P\{X\leqslant x\},\quad -\infty<x<+\infty \tag{2.1}$$
为随机变量 X 的分布函数,它表示事件 $\{X\leqslant x\}$ 的概率.

$F(x)$ 是随机点 X 在点 x 左方(含 x 点)的概率.

每个随机变量 X 都对应一个分布函数,并且是唯一的.分布函数对于研究随机变量是至关重要的,因为它几乎包含了随机变量的一切概率信息.分布函数 $F(x)$ 能全面完整地描述随机变量,是描述随机变量的重要工具之一.关于随机变量 X 的概率计算都可以借助其分布函数来完成.例如:
$$P\{a<X\leqslant b\}=P\{X\leqslant b\}-P\{X\leqslant a\}=F(b)-F(a)$$
即 $X\in(a,b]$ 的概率等于其分布函数在该区间上的改变量.

分布函数的基本性质:

性质 2.1 $F(x)$ 为非负、单值不减函数,即对任意 $x_1<x_2$,有 $F(x_1)\leqslant F(x_2)$.

证明:设 $x_1<x_2$,则
$$F(x_2)-F(x_1)=P\{X\leqslant x_2\}-P\{X\leqslant x_1\}=P\{x_1<X\leqslant x_2\}\geqslant 0$$
所以
$$F(x_1)\leqslant F(x_2)$$

性质 2.2 $F(-\infty)=\lim\limits_{x\to-\infty}F(x)=0, F(+\infty)=\lim\limits_{x\to+\infty}F(x)=1$

证明:$F(-\infty)=\lim\limits_{x\to-\infty}F(x)=\lim\limits_{x\to-\infty}P\{X\leqslant x\}=P\{X\leqslant-\infty\}=0$
$$F(+\infty)=\lim\limits_{x\to+\infty}F(x)=\lim\limits_{x\to+\infty}P\{X\leqslant x\}=P\{X\leqslant+\infty\}=1$$

性质 2.3 $F(x)$ 右连续,即对任意 x 有 $F(x+0)=F(x)$.(性质 2.3 的证明超出本书范围)

下面举一个例子.

例 2－4 将一枚硬币抛掷 3 次,以 X 表示出现正面的次数,求 X 的分布函数.

解:由题意可知 X 的可能取值为 $0,1,2,3$. $\{X=0\}$ 表示 3 次都是反面,于是有

$$P\{X=0\} = \left(\frac{1}{2}\right)^3 = \frac{1}{8}$$

$\{X=1\}$ 表示 3 次中恰有 1 次是正面,于是有

$$P\{X=1\} = C_3^1 \times \frac{1}{2} \times \left(\frac{1}{2}\right)^2 = \frac{3}{8}$$

同理,可得

$$P\{X=2\} = \frac{3}{8}, \quad P\{X=3\} = \frac{1}{8}$$

当 $x<0$ 时,有

$$F(x) = P\{X \leqslant x\} = P(\varnothing) = 0$$

当 $0 \leqslant x < 1$ 时,有

$$F(x) = P\{X \leqslant x\} = P(X=0) = \frac{1}{8}$$

当 $1 \leqslant x < 2$ 时,有

$$F(x) = P\{X \leqslant x\} = P\{X=0\} + P\{X=1\} = \frac{1}{8} + \frac{3}{8} = \frac{1}{2}$$

当 $2 \leqslant x < 3$ 时,有

$$F(x) = P\{X \leqslant x\} = P\{X=0\} + P\{X=1\} + P\{X=2\}$$
$$= \frac{1}{8} + \frac{3}{8} + \frac{3}{8} = \frac{7}{8}$$

当 $x \geqslant 3$ 时,有

$$F(x) = P\{X \leqslant x\} = 1$$

所以 X 的分布函数为

$$F(x) = \begin{cases} 0, & x<0 \\ \dfrac{1}{8}, & 0 \leqslant x < 1 \\ \dfrac{1}{2}, & 1 \leqslant x < 2 \\ \dfrac{7}{8}, & 2 \leqslant x < 3 \\ 1, & x \geqslant 3 \end{cases}$$

$F(x)$ 的图形是一条阶梯形的曲线,在 x 为 $0,1,2,3$ 处有跳跃点,跳跃值分别为 $\dfrac{1}{8}$、$\dfrac{3}{8}$、$\dfrac{3}{8}$、$\dfrac{1}{8}$(图 2.1).

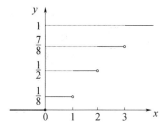

图 2.1 $F(x)$ 的图形

第二节 离散型随机变量及其分布律

一、离散型随机变量的概念

当随机变量 X 的全部可能取值是有限个值或可列个值时,称 X 为离散型随机变量. 在例 2-1 中,随机变量 X 的可能取值为 $0,1,2$,所以 X 为离散型随机变量;例 2-22 中, 随机变量 X 可能取值为 $0,1,2,\cdots,n$,故 X 为离散型随机变量.

定义 2.3 设离散型随机变量 X 可能取值为 $x_1,x_2,\cdots,x_n,\cdots$,$X$ 取各个值的相应概率,即事件 $\{X=x_k\}$ 的概率为

$$P\{X=x_k\}=p_k\,(k=1,2,\cdots,n,\cdots) \tag{2.2}$$

由概率的定义可知,p_k 满足如下两个条件:

(1) $p_k \geqslant 0$,$k=1,2,\cdots$ \hfill (2.3)

(2) $\sum_{k=1}^{\infty} p_k = 1$ \hfill (2.4)

则称式(2.2)为离散型随机变量 X 的概率分布律(或称概率分布列).

分布律有时也由表格形式给出:

X	x_1	x_2	$\cdots$	x_n	$\cdots$
p_k	p_1	p_2	$\cdots$	p_n	$\cdots$

\hfill (2.5)

这可以直观地表示了随机变量 X 取各个值的概率规律,X 取的各个值各占一些概率,这些概率合起来为 1. 可以认为:概率 1 以一定的规律分布在各个可能值上. 这就是式(2.5)称为分布律的缘故.

分布律与分布函数可以相互唯一确定,并都能对随机变量进行完整描述.

(1) 设离散型随机变量 X 分布律为

$$P\{X=x_k\}=p_k\,(k=1,2,\cdots,n,\cdots)$$

则 X 的分布函数为

$$F(x)=P\{X\leqslant x\}=\sum_{x_k\leqslant x}P\{X=x_k\}=\sum_{x_k\leqslant x}p_k,\ -\infty<x<+\infty$$

(2) 若 X 的分布函数为 $F(x)$,则 $F(x)$ 的各跳跃点(间断点)x_k 就是 X 的可能值,且

$$P_k = P\{X = x_k\} = F(x_k) - F(x_k - 0), k = 1, 2, \cdots, n, \cdots$$

例 2-5 10 件产品中 8 件为一等品、2 件为二等品,不放回地抽取产品,每次抽取 1 件,直到抽取一等品为止. 以 X 表示抽样的次数,试求:

(1) 随机变量 X 的分布律;

(2) 分布函数;

(3) $P\{X < 2.5\}$.

解:(1) 由题意可知 X 的可能取值为 1,2,3,所以

$$P\{X = 1\} = \frac{8}{10} = \frac{4}{5}$$

$$P\{X = 2\} = \frac{2}{10} \times \frac{8}{9} = \frac{8}{45}$$

$$P\{X = 3\} = \frac{2}{10} \times \frac{1}{9} \times \frac{8}{8} = \frac{1}{45}$$

即 X 的分布律为

X	1	2	3
p_k	$\frac{4}{5}$	$\frac{8}{45}$	$\frac{1}{45}$

(2) 当 $x < 1$ 时,有

$$F(x) = P\{X \leqslant x\} = P(\varnothing) = 0$$

当 $1 \leqslant x < 2$ 时,有 $F(x) = P\{X \leqslant x\} = P(X = 1) = \frac{4}{5}$

当 $2 \leqslant x < 3$ 时,有

$$F(x) = P\{X \leqslant x\} = P\{X = 1\} + P\{X = 2\} = \frac{4}{5} + \frac{8}{45} = \frac{44}{45}$$

当 $x \geqslant 3$ 时,有

$$F(x) = P\{X \leqslant x\} = 1$$

所以 X 的分布函数为

$$F(x) = \begin{cases} 0, & x < 1 \\ \frac{4}{5}, & 1 \leqslant x < 2 \\ \frac{44}{45}, & 2 \leqslant x < 3 \\ 1, & x \geqslant 3 \end{cases}$$

(3) $P\{X < 2.5\} = P\{X = 1\} + P\{X = 2\} = \frac{4}{5} + \frac{8}{45} = \frac{44}{45}$

例 2-6 设随机变量 X 的分布函数为

$$F(x) = \begin{cases} 0, & x < 0 \\ \dfrac{1}{4}, & 0 \leqslant x < 2 \\ \dfrac{3}{4}, & 2 \leqslant x < 5 \\ 1, & x \geqslant 5 \end{cases}$$

求随机变量 X 的分布律.

解：易见 $F(x)$ 有 3 个间断点,分别为 $0,2,5$. 故随机变量 X 有 3 个可能值. 则

$$P\{X=0\} = F(0) - F(0-0) = \frac{1}{4}$$

$$P\{X=2\} = F(2) - F(2-0) = \frac{3}{4} - \frac{1}{4} = \frac{1}{2}$$

$$P\{X=5\} = F(5) - F(5-0) = 1 - \frac{3}{4} = \frac{1}{4}$$

即

X	0	2	5
p_k	$\dfrac{1}{4}$	$\dfrac{1}{2}$	$\dfrac{1}{4}$

二、几种常用的离散型分布

1. (0-1)分布(两点分布)

定义 2.4 设离散型随机变量 X 的分布律为

$$P\{X=k\} = p^k(1-p)^{1-k}, k=0,1 \quad 0 < p < 1 \tag{2.6}$$

则称 X 服从以 p 为参数的 (0-1) 分布(或两点分布).

(0-1)分布的分布律也可以写成

X	0	1
p_k	q	p

$0 < p < 1$, $q = 1-p$

对于一个随机试验,如果它的样本空间只包含两个元素,即 $\Omega = \{\omega_1, \omega_2\}$,那么总能在 Ω 上定义一个服从 (0-1) 分布的随机变量,即

$$X = X(\omega) = \begin{cases} 0, & \omega = \omega_1 \\ 1, & \omega = \omega_2 \end{cases}$$

一般来说,两种状态的事物可以用 (0-1) 分布来描述,例如,人的生与死、人的性别的鉴定、检查产品质量是否合格、电闸的开与关等问题需要用 (0-1) 分布.

例 2-7 200 件产品中有 196 件正品、4 件次品,今从中随机地抽取 1 件. 如果规定：

$$X = \begin{cases} 1, & \text{抽取正品} \\ 0, & \text{抽取次品} \end{cases}$$

求 X 的分布律.

解：$P\{X=1\} = \dfrac{196}{200} = 0.98$, $P\{X=0\} = \dfrac{4}{200} = 0.02$

即

X	0	1
p_k	0.02	0.98

则 X 服从参数为 0.98 的 (0－1) 分布.

2. 二项分布

定义 2.5 设离散型随机变量 X 的分布律为

$$P\{X=k\}=C_n^k p^k(1-p)^{n-k}, k=0,1,\cdots,n \quad 0<p<1 \tag{2.7}$$

称 X 服从参数为 n、p 的二项分布,记作 $X \sim B(n,p)$.

显然,$P\{X=k\} \geqslant 0$ 且 $\sum_{k=0}^{n} P\{X=k\}=1$.

所谓二项分布 $B(n,p)$,就是在 n 重独立重复试验中事件 A 恰好发生次数,p 为事件 A 在每次试验中发生的概率.

例 2－8 设某工厂产品的次品率为 0.02,从该厂生产的一大批产品中随机抽取 100 件进行检验,试求:

(1) 恰有 2 件次品的概率;

(2) 次品数不超过 3 件的概率.

解:由于产品数量非常大,无论是有放回抽样还是无放回抽样,都可以看成是有放回抽样来处理. 如果以 X 表示 100 件中的次品数,则 $X \sim B(100,0.02)$. 于是有:

(1) $P\{X=2\}=C_{100}^2 \times 0.02^2 \times 0.98^{98}$

(2) $P\{X \leqslant 3\}=C_{100}^0 \times 0.02^0 \times 0.98^{100}+C_{100}^1 \times 0.02^1 \times 0.98^{99}+$
$C_{100}^2 \times 0.02^2 \times 0.98^{98}+C_{100}^3 \times 0.02^3 \times 0.98^{97}$

例 2－9 某人进行射击,设每次射击的命中率 0.02,独立射击 400 次,以 X 表示击中的次数,试求:

(1) X 的分布律;

(2) 至少击中两次的概率.

解:(1) 将一次射击看成是一次试验,400 次射击就是进行 400 次试验,所以

$$X \sim B(400,0.02).$$

X 的分布律为

$$P\{X=k\}=C_{400}^k(0.02)^k(0.98)^{400-k}, k=0,1,\cdots,400$$

(2) $P\{X \geqslant 2\}=1-P\{X=0\}-P\{X=1\}$
$=1-C_{400}^0 \times 0.02^0 \times 0.98^{400}+C_{400}^1 \times 0.02^1 \times 0.98^{399}=0.9972$

这个概率很接近于 1. 它的实际意义为:其一,虽然每次射击的命中率很小(为 0.02),但如果射击次数很大(为 400),则击中目标至少两次几乎可以是肯定的,说明一个事件尽管在一次试验中发生的概率很小,但只要试验的次数很多,而且试验是独立地进行的,那么这一事件的发生几乎是肯定的. 这也告诉人们绝不能轻视小概率事件. 其二,如果射手在 400 次射击中,击中目标的次数不到 2 次,由于 $P\{X<2\} \approx 0.003$,很小,根据实际推断原理,我们将怀疑"每次射击的命中率 0.02"这一假设,即认为该射手射击的命中率不到 0.02.

二项分布适用于放回摸球、掷硬币、产品检查、婴儿性别调查等,当 $n=1$ 时二项分布就是两点分布.

3. 泊松分布

定义 2.6 设离散型随机变量 X 的分布律为

$$P\{X=k\}=\frac{\lambda^k}{k!}e^{-\lambda}, k=0,1,\cdots,n,\cdots \quad \lambda>0 \tag{2.8}$$

则称 X 服从参数为 λ 的泊松分布,记为 $X \sim P(\lambda)$. 这个分布可应用疵点数、电话呼叫次数及排队人数等具体问题.

显然,$P\{X=k\} \geqslant 0$ 且 $\sum_{k=0}^{\infty} P\{X=k\}=1$.

当 $n \to \infty$,p 较小且 $np=\lambda$ 时,二项分布以泊松分布为其极限,即

$$C_n^k p^k q^{n-k} \to \frac{\lambda^k}{k!}e^{-\lambda}, \lambda=np \quad (p \text{ 较小})$$

泊松分布在实际应用中是很多的,例如,某一地区一段时间间隔内发生火灾的次数、某医院每天前来就诊的病人数、发生交通事故的次数、一段时间间隔内某容器内部的细菌数、某地区一年内发生暴雨的次数等.

例 2-10 某一城市每天发生火灾的次数 X 服从参数为 $\lambda=0.8$ 的泊松分布,求该城市一天内发生 3 次或 3 次以上火灾的概率.

解:由于 X 服从参数为 $\lambda=0.8$ 的泊松分布,即 $X \sim P(0.8)$. 由概率的性质及式 (2.7),得

$$P\{X \geqslant 3\} = 1 - P\{X=0\} - P\{X=1\} - P\{X=2\}$$
$$= 1 - e^{-0.8}\left(\frac{0.8^0}{0!}+\frac{0.8^1}{1!}+\frac{0.8^2}{2!}\right) \approx 0.0474$$

例 2-11 设某床单厂生产的每条床单上含有疵点的个数 X 服从参数为 $\lambda=1.5$ 的泊松分布. 质量检查部门规定:床单上无疵点或只有一个疵点的为一等品,有 2 个~4 个疵点的为二等品,有 5 个或 5 个以上疵点的为次品. 求该床单厂生产的床单为一等品、二等品和次品的概率.

解:由 $X \sim P(1.5)$ 及概率的可加性,得

$$P\{床单为一等品\} = P\{X \leqslant 1\} = P\{X=0\} + P\{X=1\}$$
$$= e^{-1.5}\left(\frac{1.5^0}{0!}+\frac{1.5^1}{1!}\right) \approx 0.558$$

$$P\{床单为二等品\} = P\{2 \leqslant X \leqslant 4\} = P\{X=2\} + P\{X=3\} + P\{X=4\}$$
$$= e^{-1.5}\left(\frac{1.5^2}{2!}+\frac{1.5^3}{3!}+\frac{1.5^4}{4!}\right) \approx 0.424$$

$$P\{床单为次品\} = 1 - P\{床单为一等品\} - P\{床单为二等品\}$$
$$\approx 1 - 0.558 - 0.424 = 0.018$$

第三节 连续型随机变量及其概率密度

一、连续型随机变量的密度函数

定义 2.7 设 X 为一个随机变量,若存在一个定义在 $(-\infty,+\infty)$ 内的非负函数 $f(x)$,使得 X 的分布函数 $F(x)$ 满足

$$F(x) = \int_{-\infty}^{x} f(t)\mathrm{d}t \tag{2.9}$$

则称 X 为连续型随机变量,并称 $f(x)$ 为 X 的概率密度函数,简称密度函数(或概率密度). 概率密度曲线与概率表示如图 2.1 所示.

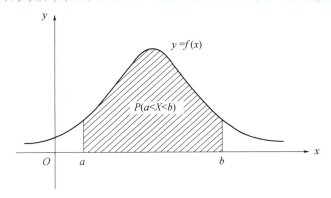

图 2.1 概率密度曲线与概率表示

连续型随机变量 X 可取某个有限区间 $[a,b]$ 或无限区间 $(-\infty,+\infty)$ 内的一切值. 显然在 $f(x)$ 的连续点 x 处,有 $F'(x)=f(x)$,这就是密度函数与分布函数之间的关系.

由定义可知,密度函数 $f(x)$ 有以下基本性质:

(1) $f(x) \geqslant 0$ \hfill (2.10)

(2) $\int_{-\infty}^{+\infty} f(x)\mathrm{d}x = 1$ \hfill (2.11)

(3) $P\{a < X \leqslant b\} = P\{X \leqslant b\} - P\{X \leqslant a\}$

$$= F(b) - F(a) = \int_a^b f(x)\mathrm{d}x \tag{2.12}$$

注意:对连续型随机变量 X 在任一指定点 x_0 处,其概率为 0,即 $P\{X=x_0\}=0$. 所以

$$P\{a \leqslant X \leqslant b\} = P\{a \leqslant X < b\} = P\{a < X < b\} = P\{a < X \leqslant b\} = \int_a^b f(x)\mathrm{d}x$$

(4) 如果在 $f(x)$ 的连续点 x 处,有

$$F'(x) = f(x) \tag{2.13}$$

例 2-12 设连续型随机变量 X 的分布函数为 $F(x)=A+B\arctan x, -\infty < x < +\infty$,试求:

(1) 常数 A 和 B;

(2) X 落入 $(-1,1)$ 的概率；

(3) X 的密度函数 $f(x)$.

解：(1) 由

$$F(-\infty) = \lim_{x \to -\infty}(A + B\arctan x) = A - \frac{\pi}{2}B = 0$$

和

$$F(+\infty) = \lim_{x \to +\infty}(A + B\arctan x) = A + \frac{\pi}{2}B = 1$$

得

$$A = \frac{1}{2}, B = \frac{1}{\pi}$$

故

$$F(x) = \frac{1}{2} + \frac{1}{\pi}\arctan x, \quad -\infty < x < +\infty$$

(2) $P(X \in (-1,1)) = F(1) - F(-1) = \frac{1}{2}$

(3) X 的密度函数为

$$f(x) = F'(x) = \frac{1}{\pi(1+x^2)}, \quad -\infty < x < +\infty$$

例 2－13 设随机变量 X 的密度函数为

$$f(x) = \begin{cases} kx, & 0 \leqslant x < 3 \\ 2 - \frac{x}{2}, & 3 \leqslant x < 4 \\ 0, & \text{其他} \end{cases}$$

(1) 确定常数 k；

(2) 求 X 的分布函数 $F(x)$；

(3) 求 $P\left(1 \leqslant X \leqslant \frac{7}{2}\right)$.

解：(1) 由 $\int_{-\infty}^{+\infty} f(x)\mathrm{d}x = 1$，得

$$\int_0^3 kx\,\mathrm{d}x + \int_3^4 \left(2 - \frac{x}{2}\right)\mathrm{d}x = 1$$

解得 $k = \frac{1}{6}$，于是 X 的密度函数为

$$f(x) = \begin{cases} \frac{1}{6}x, & 0 \leqslant x < 3 \\ 2 - \frac{x}{2}, & 3 \leqslant x < 4 \\ 0, & \text{其他} \end{cases}$$

(2) 当 $x < 0$ 时，显然有，$F(x) = 0$.

当 $0 \leqslant x < 3$ 时,有
$$F(x) = \int_0^x \frac{x}{6} dx = \frac{x^2}{12}$$

当 $3 \leqslant x < 4$ 时,有
$$F(x) = \int_0^3 \frac{x}{6} dx + \int_3^x \left(2 - \frac{x}{2}\right) dx = -3 + 2x - \frac{x^2}{4}$$

当 $x \geqslant 4$ 时,有
$$F(x) = \int_0^3 \frac{x}{6} dx + \int_3^4 \left(2 - \frac{x}{2}\right) dx = 1$$

所以 X 的分布函数为
$$F(x) = \begin{cases} 0, & x < 0 \\ \dfrac{x^2}{12}, & 0 \leqslant x < 3 \\ -3 + 2x - \dfrac{x^2}{4}, & 3 \leqslant x < 4 \\ 1, & x \geqslant 4 \end{cases}$$

(3) $P\left(1 \leqslant X \leqslant \dfrac{7}{2}\right) = F\left(\dfrac{7}{2}\right) - F(1) = \dfrac{41}{48}$.

例 2-14 某城市每天的耗电量不超过 100kW·h,以 X 表示每天的耗电率(即用电量除以 100kW·h),已知它的密度函数为
$$f(x) = \begin{cases} 4x(1-x^2), & 0 < x < 1 \\ 0, & 其他 \end{cases}$$
若该城市每天的供电量仅为 80kW·h,求供电量不够需要的概率是多少?

解:当耗电率 $X > 80/100 = 0.8$ 时,表明供电量不够需要,其概率为
$$\begin{aligned} P(X > 0.8) &= \int_{0.8}^{+\infty} f(x) dx \\ &= \int_{0.8}^1 4x(1-x^2) dx \\ &= [2x^2 - x^4]_{0.8}^1 = 0.1296 \end{aligned}$$

二、几种常用的连续型分布

1. 均匀分布

如果随机变量 X 的密度函数为
$$f(x) = \begin{cases} \dfrac{1}{b-a}, & a < x < b \\ 0, & 其他 \end{cases} \tag{2.14}$$

则称 X 在其区间 (a, b) 服从均匀分布,记为 $X \sim U(a, b)$.

显然
$$f(x) \geqslant 0$$
$$\int_{-\infty}^{+\infty} f(x)\mathrm{d}x = \int_a^b \frac{1}{b-a}\mathrm{d}x = 1$$

相应的分布函数为

$$F(x) = \begin{cases} 0, & x < a \\ \dfrac{x-a}{b-a}, & a \leqslant x < b \\ 1, & x \geqslant b \end{cases} \tag{2.15}$$

例 2-15 设随机变量 $X \sim U(1,6)$,求方程 $t^2 + Xt + 1 = 0$ 有实根的概率.

解：由于 $X \sim U(a,b)$,所以 X 的密度函数为

$$f(x) = \begin{cases} \dfrac{1}{5}, & 1 < x < 6 \\ 0, & \text{其他} \end{cases}$$

当 $X^2 - 4 \geqslant 0$,即 $|X| \geqslant 2$ 时,方程 $t^2 + Xt + 1 = 0$ 有实根,则

$$P\{|X| \geqslant 2\} = 1 - \int_{-2}^{2} f(x)\mathrm{d}x = 1 - \int_{1}^{2} \frac{1}{5}\mathrm{d}x = 1 - \frac{1}{5} = \frac{4}{5}$$

2. 指数分布

如果随机变量 X 的密度函数为

$$f(x) = \begin{cases} 0, & x < 0 \\ \lambda \mathrm{e}^{-\lambda x}, & x \geqslant 0 \end{cases} \tag{2.16}$$

其中,$\lambda > 0$,为常数,则称 X 服从参数为 λ 的指数分布,记为 $X \sim e(\lambda)$.

显然
$$f(x) \geqslant 0$$
$$\int_{-\infty}^{+\infty} f(x)\mathrm{d}x = \int_0^{\infty} \lambda \mathrm{e}^{-\lambda x}\mathrm{d}x = 1$$

分布函数为

$$F(x) = \begin{cases} 0, & x < 0 \\ 1 - \mathrm{e}^{-\lambda x}, & x \geqslant 0 \end{cases} \tag{2.17}$$

例 2-16 设某电子管的使用寿命 X(单位为 h)服从参数为 $\lambda = 0.0002$ 的指数分布,求电子管的使用寿命超过 3000h 的概率.

解：由于 X 服从参数为 $\lambda = 0.0002$ 的指数分布,X 的密度函数为

$$f(x) = \begin{cases} 0, & x < 0 \\ 0.0002\mathrm{e}^{-0.0002x}, & x \geqslant 0 \end{cases}$$

故
$$P\{X > 3000\} = \int_{3000}^{+\infty} 0.0002\mathrm{e}^{-0.0002x}\mathrm{d}x = \mathrm{e}^{-0.6} \approx 0.5488$$

指数分布适用于元件寿命、动物寿命、服务时间等实际问题.

3. 正态分布

在理论和实践中,正态分布是非常重要的一种分布.如果随机变量 X 的概率密度函数为

$$f(x)=\frac{1}{\sqrt{2\pi}\sigma}\mathrm{e}^{-\frac{(x-\mu)^2}{2\sigma^2}},\ -\infty<x<+\infty \tag{2.18}$$

则称 X 服从参数为 μ、σ^2 的正态分布(或高斯分布),记为 $X\sim N(\mu,\sigma^2)$.

正态分布的概率密度函数如图 2.2 所示.

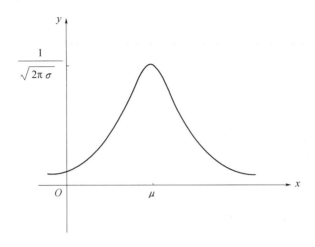

图 2.2 正态分布的概率密度函数

显然,正态分布的概率密度函数有如下性质:

(1) $f(x)$ 处处连续;

(2) $f(x)\geqslant 0$;

(3) $\int_{-\infty}^{+\infty}f(x)\mathrm{d}x=1$;

(4) 曲线 $f(x)$ 关于 $x=\mu$ 对称;

(5) 当 $x=\mu$ 时,$f(x)=\dfrac{1}{\sqrt{2\pi}\sigma}$ 最大;

(6) 当 $x=\mu\pm\sigma$ 时有拐点 $\left(\mu-\sigma,\dfrac{1}{\sqrt{2\pi e}\sigma}\right),\left(\mu+\sigma,\dfrac{1}{\sqrt{2\pi e}\sigma}\right)$.

当 μ 固定时,曲线位置不变,但形状随 σ 的不同而改变,σ 越大,曲线越扁平,即分布越分散,σ 越小,曲线越陡峭,即分布越集中.

正态分布的分布函数为

$$F(x)=\frac{1}{\sqrt{2\pi}\sigma}\int_{-\infty}^{x}\mathrm{e}^{-\frac{(t-\mu)^2}{2\sigma^2}}\mathrm{d}t,\ -\infty<x<+\infty \tag{2.19}$$

当 $\mu=0,\sigma^2=1$ 时的正态分布 $N(0,1)$ 称为标准正态分布:记为 $X\sim N(0,1)$.其密度函数为

$$\varphi(x) = \frac{1}{\sqrt{2\pi}} e^{-\frac{x^2}{2}}, -\infty < x < +\infty \tag{2.20}$$

其分布函数为

$$\Phi(x) = \frac{1}{\sqrt{2\pi}} \int_{-\infty}^{x} e^{-\frac{t^2}{2}} dt, -\infty < x < +\infty \tag{2.21}$$

(编有专门的标准正态函数表,供查用,见附表2).

如果 $X \sim N(0,1)$,则有

$$\Phi(-a) = 1 - \Phi(a), a > 0$$

$$\Phi(0) = \frac{1}{2}$$

$$P\{a < X \leqslant b\} = \Phi(b) - \Phi(a) = \int_a^b \varphi(x) dx$$

定理 2.1 若 $X \sim N(\mu, \sigma^2)$,则随机变量 $Y = \dfrac{X-\mu}{\sigma}$ 服从标准正态分布,即 $Y \sim N(0,1)$.

证明:由已知,Y 取值范围为 R.

$$F_Y(y) = P(Y \leqslant y) = P\left(\frac{X-\mu}{\sigma} \leqslant y\right)$$

$$= P(X \leqslant \sigma y + \mu) = \int_{-\infty}^{\sigma y + \mu} f_X(x) dx, y \in R$$

$$f_Y(y) = F'_Y(y) = \frac{1}{\sqrt{2\pi}} e^{-\frac{y^2}{2}}, y \in R$$

即 $Y \sim N(0,1)$.

定理2.1表明了一般正态分布与标准正态分布的关系.

由定理2.1可知,若 $X \sim N(\mu, \sigma^2)$,则

$$F(x) = P(X \leqslant x) = P\left(\frac{X-\mu}{\sigma} \leqslant \frac{x-\mu}{\sigma}\right) = \Phi\left(\frac{x-\mu}{\sigma}\right)$$

$$P(a < X \leqslant b) = \Phi\left(\frac{b-\mu}{\sigma}\right) - \Phi\left(\frac{a-\mu}{\sigma}\right)$$

$$P(X > c) = 1 - P(X \leqslant c) = 1 - \Phi\left(\frac{c-\mu}{\sigma}\right)$$

例 2—17 若 $X \sim N(1, 2^2)$,求 $P(X \leqslant 2.5)$,$P(0.5 < X \leqslant 2.4)$.

解:$P(X \leqslant 2.5) = \Phi\left(\dfrac{2.5-1}{2}\right) = \Phi(0.75) = 0.7734$

$$P(0.5 < X \leqslant 2.4) = \Phi\left(\frac{2.4-1}{2}\right) - \Phi\left(\frac{0.5-1}{2}\right)$$

$$= \Phi(0.7) - \Phi(-0.25)$$

$$= \Phi(0.7) - [1 - \Phi(0.25)] = 0.3567$$

若 $X \sim N(\mu, \sigma^2)$,则有

$$P(\mu-\sigma<X\leqslant\mu+\sigma)=P\left(-1<\frac{X-\mu}{\sigma}\leqslant 1\right)$$
$$=\Phi(1)-\Phi(-1)=\Phi(1)-[1-\Phi(1)]$$
$$=2\Phi(1)-1=0.6846$$
$$P(\mu-2\sigma<X\leqslant\mu+2\sigma)=P\left(-2<\frac{X-\mu}{\sigma}\leqslant 2\right)$$
$$=2\Phi(2)-1=0.9544$$
$$P(\mu-3\sigma<X\leqslant\mu+3\sigma)=P\left(-3<\frac{X-\mu}{\sigma}\leqslant 3\right)$$
$$=2\Phi(3)-1=0.9974$$

正态分布在($\mu-3\sigma,\mu+3\sigma$)内取值的概率如图 2.3 所示.

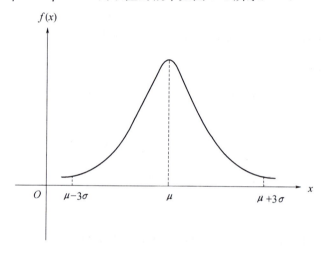

图 2.3 正态分布在($\mu-3\sigma,\mu+3\sigma$)内取值的概率

例 2-18 某种电池的寿命 X 服从正态分布 $N(\mu,\sigma^2)$,其中 $\mu=300$h,$\sigma=35$h,试求:电池寿命在 250h 以上的概率.

解:(1) $P(X>250)=1-P(X\leqslant 250)=1-\Phi\left(\dfrac{250-300}{35}\right)$
$$=1-\Phi(-1.43)=1-[1-\Phi(1.43)]$$
$$=0.92364$$

注:关于正态分布 $N(\mu,\sigma^2)$ 的计算,应熟练掌握以下两个结果:

(1) $P(a<X\leqslant b)=\Phi\left(\dfrac{b-\mu}{\sigma}\right)-\Phi\left(\dfrac{a-\mu}{\sigma}\right)$

(2) $\Phi(-x)=1-\Phi(x)$

例 2-19 设 $X \sim N(108,3^2)$,试求:
(1) a,使 $P(X\leqslant a)=0.9$;
(2) b,使 $P\{|X-b|>b\}=0.1$.

解 (1) 由于

$$P(X \leqslant a) = \Phi\left(\frac{a-108}{3}\right) = 0.9$$

又有

$$\Phi(1.28) = 0.9$$

得

$$\frac{a-108}{3} = 1.28$$

所以 $a = 111.84$.

(2) 由于

$$P\{0 < X < 2b\} = 1 - P\{|X-b| > b\} = 0.9$$

而

$$P\{0 < X < 2b\} = \Phi\left(\frac{2b-108}{3}\right) - \Phi\left(\frac{0-108}{3}\right) = 0.9$$

所以

$$\Phi\left(\frac{2b-108}{3}\right) = \Phi\left(\frac{0-108}{3}\right) + 0.9 = \Phi(-36) + 0.9 = 0 + 0.9 = 0.9$$

又有 $\Phi(1.28) = 0.9$, 得

$$\frac{2b-108}{3} = 1.28$$

所以 $b = 55.92$.

第四节 随机变量函数的分布

设 X 为一个随机变量, 分布已知, $g(x)$ 为一个已知的一元函数, 令 $Y = g(X)$, 由于 X 是一个随机变量, 则 Y 也是一个随机变量. 一般来讲, 如果 X 是一个离散型随机变量, 则 Y 也是一个离散型随机变量; 如果 X 是一个连续型随机变量, 则 Y 也是一个连续型随机变量. 需要解决的问题是如何求 Y 的分布律或密度函数. 下面就离散型随机变量和连续型随机变量两种情况分别讨论.

一、离散型随机变量函数的分布

如果 X 是一个离散型随机变量, $Y = g(X)$, 显然 Y 也是一个离散型随机变量, 求 Y 的分布律. 下面举例说明.

例 2-20 设随机变量 X 的分布律为

X	-1	0	1	3
p	0.1	0.2	0.3	0.4

求 $Y_1 = 3X + 1$, $Y_2 = X^2$ 的分布律.

解：Y_1 的可能取值为 $-2,1,4,10$，则
$$P\{Y_1=-2\}=P\{3X+1=-2\}=P\{X=-1\}=0.1$$
$$P\{Y_1=1\}=P\{3X+1=1\}=P\{X=0\}=0.2$$
$$P\{Y_1=4\}=P\{3X+1=4\}=P\{X=1\}=0.3$$
$$P\{Y_1=10\}=P\{3X+1=10\}=P\{X=3\}=0.4$$

所以

Y_1	-2	1	4	10
p_k	0.1	0.2	0.3	0.4

Y_2 的可能取值为 $0,1,9$，则
$$P\{Y_2=0\}=P\{X^2=0\}=P\{X=0\}=0.2$$
$$P\{Y_2=1\}=P\{X^2=1\}=P\{X=-1\}+P\{X=1\}=0.4$$
$$P\{Y_2=9\}=P\{X^2=9\}=P\{X=3\}=0.4$$

所以

Y_2	0	1	9
p_k	0.2	0.4	0.4

例 2-21 设随机变量 X 的分布律为

X	1	2	$\cdots$	n	$\cdots$
p_k	$\dfrac{1}{2}$	$\dfrac{1}{2^2}$	$\cdots$	$\dfrac{1}{2^n}$	$\cdots$

求 $Y=\sin\left(\dfrac{\pi}{2}X\right)$ 的分布律.

解：Y 的可能取值为 $-1,0,1$，则
$$P\{Y=-1\}=P\left\{\sin\left(\dfrac{\pi}{2}X\right)=-1\right\}$$
$$=\sum_{k=1}^{\infty}P\{X=4k-1\}=\sum_{k=1}^{\infty}\dfrac{1}{2^{4k-1}}=\dfrac{2}{15}$$
$$P\{Y=0\}=P\left\{\sin\left(\dfrac{\pi}{2}X\right)=0\right\}$$
$$=\sum_{k=1}^{\infty}P\{X=2k\}=\sum_{k=1}^{\infty}\dfrac{1}{2^{2k}}=\dfrac{1}{3}$$
$$P\{Y=1\}=1-\dfrac{2}{15}-\dfrac{1}{3}=\dfrac{8}{15}$$

所以

Y	-1	0	1
p_k	$\dfrac{2}{15}$	$\dfrac{1}{3}$	$\dfrac{8}{15}$

二、连续型随机变量函数的分布

如果 X 是一个连续型随机变量,其密度函数 $f_X(x)$,已知 $Y=g(X)$ 连续,则 Y 也是一个连续型随机变量,求 Y 的密度函数 $f_Y(y)$ 的一般方法如下:

(1) Y 的分布函数 $F_Y(y)$

$$F_Y(y) = P\{Y \leqslant y\} = P\{g(X) \leqslant y\} = \int_{g(x) \leqslant y} f_X(x) \mathrm{d}x$$

(2) 求 Y 的密度函数 $f_Y(y)$

$$f_Y(y) = F'_Y(y)$$

例 2-22 设随机变量 X 具有概率密度函数为 $f_X(x) = 2x(0 < x < 1)$,试求 $Y = X^2 + 1$ 的概率密度函数.

解:Y 的取值范围是 $[1,2]$,所以当 $y < 1$ 时,有

$$F_Y(y) = 0$$

当 $1 \leqslant y < 2$ 时,有

$$\begin{aligned} F_Y(y) &= P\{Y \leqslant y\} = P\{X^2 + 1 \leqslant y\} \\ &= P\{-\sqrt{y-1} \leqslant X \leqslant \sqrt{y-1}\} \\ &= \int_0^{\sqrt{y-1}} 2x \mathrm{d}x \\ &= y - 1 \end{aligned}$$

当 $y \geqslant 2$ 时,有

$$F_Y(y) = 1$$

所以

$$f_Y(y) = F'_Y(y) = \begin{cases} 1, & 1 < y < 2 \\ 0, & \text{其他} \end{cases}$$

定理 2.2 设随机变量 X 的密度函数为 $f_X(x)(-\infty < x < +\infty)$,又设函数 $y = g(x)$ 处处可导且恒有 $g'(x) > 0$(或恒有 $g'(x) < 0$),则 Y 是连续型随机变量,其密度函数为

$$f_Y(y) = \begin{cases} f_X[h(y)] \, |h'(y)|, & \alpha < y < \beta \\ 0, & \text{其他} \end{cases} \tag{2.22}$$

式中:$\alpha = \min\{g(-\infty), g(+\infty)\}$;$\beta = \max\{g(-\infty), g(+\infty)\}$;$h(y)$ 为 $g(x)$ 的反函数.

例 2-23 假设随机变量 X 具有概率密度函数为

$$f_X(x) = \begin{cases} \mathrm{e}^{-x}, & x \geqslant 0 \\ 0, & x < 0 \end{cases}$$

试求 $Y=3X+5$ 的概率密度函数.

解：由于 $y=3x+5$ 为单调函数且具有一阶连续导数，则其反函数为

$$x = h(y) = \frac{y-5}{3}$$

$$h'(y) = \frac{1}{3}$$

故

$$f_Y(y) = \begin{cases} f_X[h(y)] \, | \, h'(y) |, & y \geq 5 \\ 0, & y < 5 \end{cases} = \begin{cases} \frac{1}{3} e^{-\frac{y-5}{3}}, & y \geq 5 \\ 0, & y < 5 \end{cases}$$

例 2—24 假设随机变量 X 服从正态分布 $N(\mu,\sigma^2)$，证明 $Y=aX+b(a\neq 0)$ 也服从正态分布.

证明：由于随机变量 X 的密度函数为

$$f_X(x) = \frac{1}{\sqrt{2\pi}\sigma} e^{-\frac{(x-\mu)^2}{2\sigma^2}}, \quad -\infty < x < +\infty$$

由于 $y=ax+b$ 为单调函数且具有一阶连续导数，则其反函数为

$$x = h(y) = \frac{y-b}{a}$$

$$h'(y) = \frac{1}{a}$$

故

$$f_Y(y) = f[h(y)] \, | \, h'(y) | = \frac{1}{a} f_X\left(\frac{y-b}{a}\right), \quad -\infty < y < +\infty$$

即

$$f_Y(y) = \frac{1}{|a|} \frac{1}{\sqrt{2\pi}\sigma} e^{-\frac{\left(\frac{y-b}{a}-\mu\right)^2}{2\sigma^2}}$$

$$= \frac{1}{|a|} \frac{1}{\sqrt{2\pi}\sigma} e^{-\frac{[y-(b+a\mu)]^2}{2(a\sigma)^2}}, \quad -\infty < y < +\infty$$

故 $Y=aX+b(a\neq 0) \sim N(a\mu+b,(a\sigma)^2)$.

特别，在例 2—25 中取 $a=\frac{1}{\sigma}, b=-\frac{\mu}{\sigma}$ 得

$$Y = \frac{X-\mu}{\sigma} \sim N(0,1)$$

这就是定理 2.1.

习 题

1. 设随机变量 X 的分布函数为

$$F(x) = \begin{cases} 0, & x < -1 \\ 0.4, & -1 \leqslant x < 1 \\ 0.8, & 1 \leqslant x < 3 \\ 1, & x \geqslant 3 \end{cases}$$

代求 X 的分布律.

2. 设 X 的分布律为

X	-1	0	1
p	0.15	0.20	0.65

求 X 的分布函数 $F(x)$.

3. 设随机变量 X 的分布律为

X	-1	0	1
p	$\frac{1}{4}$	$\frac{1}{2}$	$\frac{1}{4}$

试求：

(1) X 的分布函数；

(2) $P(X \leqslant \frac{1}{2})$, $P(\frac{1}{2} < X \leqslant \frac{3}{2})$, $P(2 < X \leqslant 3)$.

4. 20 件产品中有 4 件次品，从中抽 6 件，以 X 表示次品的个数，分别在有放回和不放回两种情况下，试求：

(1) 随机变量 X 的分布律；

(2) X 的分布函数.

5. 口袋中有 5 个球，编号为 1,2,3,4,5. 在口袋中同时取出 3 个球，以 X 表示取出 3 个球中的最大号码，试求：

(1) 随机变量 X 的分布律；

(2) X 的分布函数.

6. 设随机变量 X 服从参数为 λ 的泊松分布，且 $P\{X=1\} = P\{X=2\}$，求 λ.

7. 设随机变量 $X \sim B(2, p)$, $Y \sim B(3, p)$，若 $p\{X \geqslant 1\} = \frac{5}{9}$，求 $p\{Y \geqslant 1\}$.

8. 设 $f(x) = \begin{cases} \dfrac{c}{1+x^2}, & 0 \leqslant x \leqslant 1 \\ 0, & \text{其他} \end{cases}$ 是随机变量 X 的概率密度函数，求 c.

9. 连续型随机变量 X 的分布函数为

$$F(x) = \begin{cases} a + Be^{-\lambda x}, & x > 0 \\ 0, & x \leqslant 0 \end{cases}, \quad \lambda > 0 \text{ 为常数}$$

试求：

(1) a 和 B；

(2) $P(x < 2)$.

10. 设随机变量 X 服从参数 $\lambda=2$ 的指数分布,证明:$Y=1-e^{-2X}$ 在区间 $(0,1)$ 上服从均匀分布.

11. 设随机变量 X 的概率密度函数为

$$f(x)=\begin{cases} k\sqrt{x}, & 0\leqslant x\leqslant 1 \\ 0, & 其他 \end{cases}$$

试求:
(1) 常数 k;
(2) X 的分布函数 $F(x)$;
(3) $P\left\{X>\dfrac{1}{4}\right\}$.

12. 设随机变量 X 密度函数

$$f(x)=\begin{cases} A\sin x, & x\in[0,\pi] \\ 0, & 其他 \end{cases}$$

试求:
(1) 常数 A;
(2) 分布函数 $F(x)$;
(3) $P\left\{\dfrac{\pi}{2}<X<\dfrac{3\pi}{4}\right\}$.

13. 设随机变量 X 的密度函数为

$$f(x)=\begin{cases} 3x^2, & 0<x\leqslant 1 \\ 0, & 其他 \end{cases}$$

用 Y 表示 X 的 3 次独立重复观察中事件 $\left\{X\leqslant\dfrac{1}{2}\right\}$ 出现的次数,求 $P(Y=2)$.

14. 某型号的灯泡的寿命 X(单位为 h)的密度函数为

$$f(x)=\begin{cases} \dfrac{1000}{x^2}, & x>1000 \\ 0, & 其他 \end{cases}$$

现有一大批这种灯泡,任取 5 只,试问其中至少有 2 只寿命大于 1500h 的概率是多少?

15. 设 X 是 $[0,1]$ 上的连续型随机变量,$P(X\leqslant 0.29)=0.75$,$Y=1-X$,试确定 y,使 $P(Y\leqslant y)=0.25$.

16. 随机变量 $X\sim U(0,5)$,求方程 $4t^2+4Xt+X+2=0$ 有实根的概率.

17. 假设测量误差 $X\sim N(0,10^2)$,试求在 100 次独立测量中,至少有 3 次测量误差的绝对值大于 19.6 的概率 α,并利用泊松分布求出 α 的近似值.

18. 若 $X\sim N(1,9)$,求 $P(X\leqslant 2)$,$P(1<X\leqslant 5)$.

19. 设 $X\sim N(3,2^2)$,试求:

(1) $P\{2<X\leqslant 5\}$, $P\{-4<X\leqslant 10\}$, $P\{X>3\}$, $P\{|X|>2\}$;

(2) 确定 b, 使 $P\{X>b\}=P\{X\leqslant b\}$;

(3) 确定最大的 a, 使 $P\{X>a\}\geqslant 0.9$ 确定 a 的范围.

20. 若 $X\sim N(\mu,\sigma^2)$, 其中 $\mu=25$, $\sigma=5$, 试求 $P(X>20)$.

21. 设 $X\sim N(110,12^2)$, 试求:

(1) $P\{X\leqslant 105\}$, $P\{100<X\leqslant 120\}$;

(2) 确定最小的 b, 使 $P\{X>b\}\leqslant 0.05$.

22. 设随机变量 X 的分布律为

X	-1	0	3
p	0.2	0.3	0.5

求 $Y=2X^2+1$ 及 $Z=3X+1$ 的分布律.

23. 设随机变量 $X\sim N(0,1)$, 求下列随机变量 Y 的概率密度函数:

(1) $Y=2X-1$;

(2) $Y=\mathrm{e}^{-X}$.

24. 设随机变量 $X\sim U\left(-\dfrac{\pi}{2},\dfrac{\pi}{2}\right)$, 试求 $Y=A\sin X$ (A 是常数) 的概率密度函数.

25. 设随机变量 $X\sim U(0,1)$, 试求 (1) $Y=\mathrm{e}^{2X}$ 的概率密度函数; (2) $Y=-\ln X$ 的概率密度函数.

第三章 二维随机变量及其分布

本章介绍二维随机变量及其分布函数和二维随机变量的联合分布函数.联合分布函数决定了二维随机变量的一切性质,研究二维随机变量就是研究它的联合分布函数.本章只介绍两类最重要的二维随机变量:二维离散型随机变量和二维连续型随机变量.

本章重点介绍二维离散型随机变量的联合分布律、边际分布律以及条件分布律;介绍二维连续型随机变量的联合密度函数、边际密度函数以及条件密度函数;介绍二维随机变量的独立性;最后介绍二维随机变量的函数的分布.

第一节 二维随机变量

现实中有很多试验须由多个随机变量来描述,例如,调查某地区青年人的身体情况,这其中至少要用到身高(X)与体重(Y)两个随机变量,这些随机变量之间存在着某种内在的联系,从而应该将其作为一个整体来研究,这便引出了多维随机变量的概念.

一、二维随机变量及分布函数

定义3.1 设 X 与 Y 为两个随机变量,则称 (X,Y) 为二维随机变量.

二维随机变量的性质不仅与随机变量 X 与 Y 有关,而且还依赖于这两个随机变量之间的相互关系,所以单独的研究 X 或 Y 的性质是不够的,还需要研究将二维随机变量 (X,Y) 作为一个整体来研究.二维随机变量的研究方法与一维随机变量非常类似,重点仍然是研究它的分布函数.

定义3.2 设 (X,Y) 为二维随机变量,对任意实数 x、y,称二元函数

$$F(x,y) = P\{X \leqslant x, Y \leqslant y\} \tag{3.1}$$

为 (X,Y) 的分布函数(或称联合分布函数).

分布函数 $F(x,y)$ 的图形如图 3.1 所示.

分布函数 $F(x,y)$ 的具有以下性质:

(1) $F(x,y)$ 对 x 或 y 都是不减函数,即当 $x_1 < x_2$ 时,则 $F(x_1,y) \leqslant F(x_2,y)$;或当 $y_1 < y_2$ 时,则 $F(x,y_1) \leqslant F(x,y_2)$;

(2) $F(-\infty,y)=0$, $F(x,-\infty)=0$, $F(-\infty,-\infty)=0$, $F(+\infty,+\infty)=1$;

(3) $F(x,y)$ 分别对 x、y 右连续,即有 $F(x+0,y)=F(x,y)$ 及 $F(x,y+0)=F(x,y)$;

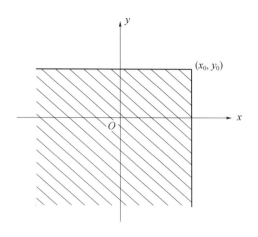

图 3.1 $F(x_0, y_0)$ 的意义

(4) 对任意的 $x_1 \leqslant x_2$ 及 $y_1 \leqslant y_2$，有 $F(x_2, y_2) - F(x_1, y_2) - F(x_2, y_1) + F(x_1, y_1) \geqslant 0$

例 3-1 二维随机变量 (X, Y) 的联合分布函数为
$$F(x, y) = A(B + \arctan x)(C + \arctan y), (x, y \in R)$$
求常数 A、B、C.

解：由 $F(-\infty, y) = 0$，$F(x, -\infty) = 0$，$F(+\infty, +\infty) = 1$，得
$$\begin{cases} A(B + \arctan x)\left(C - \dfrac{\pi}{2}\right) = 0 \\ A\left(B - \dfrac{\pi}{2}\right)(C + \arctan y) = 0 \\ A\left(B + \dfrac{\pi}{2}\right)\left(C + \dfrac{\pi}{2}\right) = 1 \end{cases}$$
得
$$A = \frac{1}{\pi^2}, B = C = \frac{\pi}{2}$$
故
$$F(x, y) = \frac{1}{\pi^2}\left(\frac{\pi}{2} + \arctan x\right)\left(\frac{\pi}{2} + \arctan y\right), (x, y \in R)$$

二、二维离散型随机变量的分布律

定义 3.3 设 (X, Y) 中的 X 和 Y 只能取有限或可列个值，则称 (X, Y) 为二维离散型随机变量.

定义 3.4 设 X 可能取值 $x_1, x_2, \cdots$，Y 可能取值 $y_1, y_2, \cdots$，即 (X, Y) 可能取值 $(x_i, y_j), (i, j = 1, 2, \cdots)$，如果设
$$P\{(X, Y) = (x_i, y_j)\} = P\{X = x_i, Y = y_j\} = p_{ij}, \quad i, j = 1, 2, \cdots \quad (3.2)$$
则称 p_{ij} 为 (X, Y) 的联合概率分布律(分布律).

显然 p_{ij} 具有性质：

(1) 非负性 $p_{ij} \geqslant 0$，$i, j = 1, 2, \cdots$

(2) 归一性 $\sum_i \sum_j p_{ij} = 1$

例 3—2 如果 (X,Y) 的联合分布律为

X \ Y	1	2
1	1/3	1/3
2	1/9	α
3	1/6	β

试问 $\alpha、\beta$ 应满足什么条件,能成为 (X,Y) 的联合分布律.

解: 因为 $\sum_i \sum_j p_{ij} = 1$,所以

$$1/3 + 1/9 + 1/6 + 1/3 + \alpha + \beta = 1$$

得

$$\alpha + \beta = 1/18 \quad (\alpha \geqslant 0, \beta \geqslant 0)$$

此即 $\alpha、\beta$ 应满足的条件.

三、二维连续型随机变量的联合密度函数

定义 3.5 对 (X,Y) 的分布函数 $F(x,y)$,若存在非负函数 $f(x,y)$ 使对一切 $x、y$ 都有

$$F(x,y) = \int_{-\infty}^{x} \int_{-\infty}^{y} f(u,v) \, du dv \tag{3.3}$$

则称 (X,Y) 为二维连续随机变量,称 $f(x,y)$ 为 (X,Y) 的联合密度函数.

显然,由联合分布函数 $F(x,y)$ 的性质,联合密度函数 $f(x,y)$ 具有如下基本性质:

(1) 非负性 $f(x,y) \geqslant 0$

(2) 归一性 $\int_{-\infty}^{+\infty} \int_{-\infty}^{+\infty} f(x,y) dx dy = F(+\infty,+\infty) = 1$

如果一个二元函数具有以上两条性质,则此二元函数必为某个二维随机变量的联合密度函数.因此判断一个二元函数是否为二维随机变量的联合密度函数,就必须满足以上两条性质.

对于二维连续随机变量 (X,Y),其联合密度函数为 $f(x,y)$,当平面区域为一任意矩形 $D = \{(x,y) | a < x \leqslant b, c < Y \leqslant d\}$ 时,则

$$P((X,Y) \in D) = P(a < X \leqslant b, c < Y \leqslant d)$$
$$= F(b,d) - F(a,d) - F(b,c) + F(a,c)$$
$$= \int_a^b dx \int_c^d f(x,y) dy$$
$$= \iint_D f(x,y) dx dy$$

也就是说,(X,Y) 落在 $D = \{(x,y) | a < x \leqslant b, c < y \leqslant d\}$ 的概率等于联合密度函数

$f(x,y)$在区域 D 的二重积分.

此结论对一般平面区域也成立. 即有 G 为一平面区域,则

$$P\{(X,Y)\in G\}=\iint\limits_{G}f(x,y)\mathrm{d}x\mathrm{d}y$$

由定义 3.5 易知,在 $f(x,y)$ 的连续点 (x,y) 处,有

$$f(x,y)=\frac{\partial^2 F(x,y)}{\partial x\partial y}$$

例 3-3 设二维随机变量 (X,Y) 的概率密度函数为

$$f(x,y)=\begin{cases}A\mathrm{e}^{-(2x+y)}, & x>0,y>0 \\ 0, & 其他\end{cases}$$

试求:

(1) A;

(2) (X,Y) 的联合分布函数 $F(x,y)$;

(3) 概率 $P\{X>Y\}$.

解:(1) 由

$$\int_{-\infty}^{+\infty}\int_{-\infty}^{+\infty}f(x,y)\mathrm{d}x\mathrm{d}y=F(+\infty,+\infty)=1$$

得

$$\int_0^{+\infty}A\mathrm{e}^{-2x}\mathrm{d}x\int_0^{+\infty}\mathrm{e}^{-y}\mathrm{d}y=1$$

即

$$A\left[-\frac{1}{2}\mathrm{e}^{-2x}\right]_0^{+\infty}\left[-\mathrm{e}^{-x}\right]_0^{+\infty}=1$$

则 $A=2$.

(2) $F(x,y)=\int_{-\infty}^{x}\int_{-\infty}^{y}f(u,v)\mathrm{d}u\mathrm{d}v$

$$=\begin{cases}\iint\limits_{0\ 0}^{x\ y}2\mathrm{e}^{-(2u+v)}\mathrm{d}u\mathrm{d}v, & x>0,y>0 \\ 0, & 其他\end{cases}$$

$$=\begin{cases}(1-\mathrm{e}^{-2x})(1-\mathrm{e}^{-y}), & x>0,y>0 \\ 0, & 其他\end{cases}$$

(3) 将 (X,Y) 看成是平面上随机点的坐标,即有

$$\{X>Y\}=\{(X,Y)\in G\}=\{(X,Y)\mid X>Y\}$$

如图 3.2 所示.

则

$$P\{X>Y\}=P\{(X,Y)\in G\}=\iint\limits_{G}f(x,y)\mathrm{d}x\mathrm{d}y$$

$$=\int_0^{+\infty}\int_0^{y}2\mathrm{e}^{-(2u+v)}\mathrm{d}u\mathrm{d}v=\frac{1}{3}$$

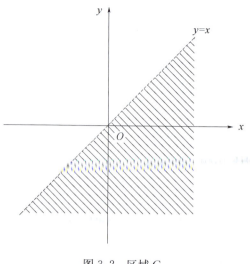

图 3.2 区域 G

第二节 边际分布

一、边际分布函数

二维随机变量 (X,Y) 作为一个整体,具有分布函数 $F(x,y)$,其分量 X 与 Y 都是随机变量,也有自己的分布函数,即为 X 与 Y 的边际分布函数.

定义 3.6 设 (X,Y) 的分布函数为 $F(x,y)$,称

$$F_X(x) = P\{X \leqslant x\} = P\{X \leqslant x, Y \leqslant +\infty\} = F(x,+\infty) \tag{3.4}$$

$$F_Y(y) = P\{Y \leqslant y\} = P\{X \leqslant +\infty, Y \leqslant y\} = F(+\infty,y) \tag{3.5}$$

为 (X,Y) 关于 X 与 Y 的边际分布函数(边缘分布函数).

X 与 Y 的边际分布函数,本质上就是一维随机变量 X 与 Y 的分布函数,称其为边际分布函数是相对于它们的联合分布函数.

例 3—4 设二维随机变量 (X,Y) 的联合分布函数为

$$F(x,y) = \frac{1}{\pi^2}\left(\frac{\pi}{2} + \arctan x\right)\left(\frac{\pi}{2} + \arctan y\right), x, y \in R$$

试求:(1) $F_X(x)$, $F_Y(y)$;

(2) $P(X>1)$.

解:(1) $F_X(x) = P\{X \leqslant x\} = P\{X \leqslant x, Y \leqslant +\infty\} = F(x,+\infty)$

$$= \frac{1}{\pi}\left(\frac{\pi}{2} + \arctan x\right), x \in R$$

$F_Y(y) = P\{Y \leqslant y\} = P\{X \leqslant +\infty, Y \leqslant y\} = F(+\infty,y)$

$$= \frac{1}{\pi}\left(\frac{\pi}{2} + \arctan y\right), y \in R$$

(2) $P(X>1) = 1 - F_X(1) = 1 - \frac{1}{\pi}\left(\frac{\pi}{2} + \frac{\pi}{4}\right) = \frac{1}{4}$

二、二维离散型随机变量的边际分布律

定义 3.7 设 (X,Y) 为二维离散型随机变量,称

$$p_{i\cdot} = P_X(x_i) = P\{X = x_i\} = \sum_j p_{ij}, \quad i = 1,2,3,\cdots \tag{3.6}$$

$$p_{\cdot j} = P_Y(y_j) = P\{Y = y_j\} = \sum_i p_{ij}, \quad j = 1,2,3,\cdots \tag{3.7}$$

分别为 X 和 Y 的边际分布律.

注意:由联合分布律可以唯一确定边际分布律,但一般情况下,并不能由边际分布律唯一确定联合分布律.

例 3-5 现有 10 件产品,其中,6 件正品、4 件次品,从中随机抽取 2 次,每次抽取 1 件,定义两个随机变量 X、Y 如下:

$$X = \begin{cases} 1, & \text{第 1 次抽到正品} \\ 0, & \text{第 1 次抽到次品} \end{cases}$$

$$Y = \begin{cases} 1, & \text{第 2 次抽到正品} \\ 0, & \text{第 2 次抽到次品} \end{cases}$$

试就第 1 次抽取后放回和第 1 次抽取后不放回两种情况求 (X,Y) 的联合概率分布律和边际概率分布律.

解:有放回情况依题知 (X,Y) 所有可能的取值为 $(0,0),(0,1),(1,0),(1,1)$. 因为

$$P(X = 0, Y = 0) = P(X = 0) \cdot P(Y = 0 \mid X = 0)$$
$$= \frac{C_4^1}{C_{10}^1} \cdot \frac{C_4^1}{C_{10}^1} = \frac{4}{10} \times \frac{4}{10} = \frac{4}{25}$$

$$P(X = 0, Y = 1) = P(X = 0) \cdot P(Y = 1 \mid X = 0)$$
$$= \frac{C_4^1}{C_{10}^1} \cdot \frac{C_6^1}{C_{10}^1} = \frac{4}{10} \times \frac{6}{10} = \frac{6}{25}$$

$$P(X = 1, Y = 0) = P(X = 1) \cdot P(Y = 0 \mid X = 1)$$
$$= \frac{C_6^1}{C_{10}^1} \cdot \frac{C_4^1}{C_{10}^1} = \frac{6}{10} \times \frac{4}{10} = \frac{6}{25}$$

$$P(X = 1, Y = 1) = P(X = 1) \cdot P(Y = 1 \mid X = 1)$$
$$= \frac{C_6^1}{C_{10}^1} \cdot \frac{C_6^1}{C_{10}^1} = \frac{6}{10} \times \frac{6}{10} = \frac{9}{25}$$

所以 (X,Y) 的联合概率分布及关于 X、Y 边际概率分布律如下:

X \ Y	0	1	$p_{i\cdot}$
0	$\frac{4}{25}$	$\frac{6}{25}$	$\frac{10}{25}$
1	$\frac{6}{25}$	$\frac{9}{25}$	$\frac{15}{25}$
$p_{\cdot j}$	$\frac{10}{25}$	$\frac{15}{25}$	1

不放回情况类似于(1),可求得

$$P(X=0, Y=0) = P(X=0) \cdot P(Y=0 \mid X=0)$$
$$= \frac{C_4^1}{C_{10}^1} \cdot \frac{C_3^1}{C_9^1} = \frac{4}{10} \times \frac{3}{9} = \frac{2}{15}$$

$$P(X=0, Y=1) = P(X=0) \cdot P(Y=1 \mid X=0)$$
$$= \frac{C_4^1}{C_{10}^1} \cdot \frac{C_6^1}{C_9^1} = \frac{4}{10} \times \frac{6}{9} = \frac{4}{15}$$

$$P(X=1, Y=0) = P(X=1) \cdot P(Y=0 \mid X=1)$$
$$= \frac{C_6^1}{C_{10}^1} \cdot \frac{C_4^1}{C_9^1} = \frac{6}{10} \times \frac{4}{9} = \frac{4}{15}$$

$$P(X=1, Y=1) = P(X=1) \cdot P(Y=1 \mid X=1)$$
$$= \frac{C_6^1}{C_{10}^1} \cdot \frac{C_5^1}{C_9^1} = \frac{6}{10} \times \frac{5}{9} = \frac{5}{15}$$

所以 (X,Y) 的联合概率分布及关于 X、Y 边际概率分布律如下：

Y \ X	0	1	$p_i.$
0	$\frac{2}{15}$	$\frac{4}{15}$	$\frac{6}{15}$
1	$\frac{4}{15}$	$\frac{5}{15}$	$\frac{9}{15}$
$p \cdot j$	$\frac{6}{15}$	$\frac{9}{15}$	1

三、二维连续型随机变量的边际密度函数

定义 3.8 设 (X,Y) 为二维连续型随机变量,若它的联合密度函数为 $f(x,y)$,则称

$$f_X(x) = \int_{-\infty}^{+\infty} f(x,y) \mathrm{d}y \tag{3.8}$$

$$f_Y(y) = \int_{-\infty}^{+\infty} f(x,y) \mathrm{d}x \tag{3.9}$$

分别为 X 与 Y 的边际密度函数.

联合密度能够唯一确定边际密度,但一般而言,由边际密度不能唯一确定联合密度.

例 3-6 设二维随机变量 (X,Y) 的概率密度函数

$$f(x,y) = \begin{cases} 6, & x^2 \leqslant y \leqslant x \\ 0, & \text{其他} \end{cases}$$

分别求 X 与 Y 的边际密度函数 $f_X(x)$ 和 $f_Y(y)$

解： $f_X(x) = \int_{-\infty}^{+\infty} f(x,y) \, \mathrm{d}y$

$$= \begin{cases} \int_{x^2}^{x} 6 \mathrm{d}y, & 0 \leqslant x \leqslant 1 \\ 0, & \text{其他} \end{cases}$$

$$= \begin{cases} 6(x-x^2), & 0 \leqslant x \leqslant 1 \\ 0, & 其他 \end{cases}$$

$$f_Y(y) = \int_{-\infty}^{+\infty} f(x,y) \, dx$$

$$= \begin{cases} \int_y^{\sqrt{y}} 6 \, dx, & 0 \leqslant y \leqslant 1 \\ 0, & 其他 \end{cases}$$

$$= \begin{cases} 6(\sqrt{y}-y), & 0 \leqslant y \leqslant 1 \\ 0, & 其他 \end{cases}$$

两个重要的二维连续分布如下：

1. 二维正态分布

作为二维分布的重要特例之一是二维正态分布，如果二维随机变量 (X,Y) 的联合密度函数为

$$f(x,y) = \frac{1}{2\pi\sigma_1\sigma_2\sqrt{1-\rho^2}} e^{-\frac{1}{2(1-\rho^2)}\left(\frac{(x-\mu_1)^2}{\sigma_1^2} - \frac{2\rho(x-\mu_1)(y-\mu_2)}{\sigma_1\sigma_2} + \frac{(y-\mu_2)^2}{\sigma_2^2}\right)}$$

式中：μ_1、μ_2、σ_1、σ_2、ρ 为常数，且 $\sigma_1 > 0$，$\sigma_2 > 0$，$|\rho| < 1$. 则称 (X,Y) 服从参数为 μ_1、μ_2、σ_1、σ_2、ρ 的二维正态分布，记为 $(X,Y) \sim N(\mu_1, \mu_2, \sigma_1^2, \sigma_2^2, \rho)$.

例 3－7 分别求二维正态分布的边际密度函数 $f_X(x)$ 和 $f_Y(y)$.

解： $f_X(x) = \int_{-\infty}^{+\infty} f(x,y) \, dy$

由于

$$\frac{(y-\mu_2)^2}{\sigma_2^2} - 2\rho \frac{(x-\mu_1)(y-\mu_2)}{\sigma_1\sigma_2}$$

$$= \left(\frac{y-\mu_2}{\sigma_2} - \rho \frac{x-\mu_1}{\sigma_1}\right)^2 - \rho^2 \frac{(x-\mu_1)^2}{\sigma_1^2}$$

所以

$$f_X(x) = \frac{1}{2\pi\sigma_1\sigma_2\sqrt{1-\rho^2}} e^{-\frac{(x-\mu_1)^2}{2\sigma_1^2}} \int_{-\infty}^{+\infty} e^{-\frac{1}{2(1-\rho^2)}\left(\frac{y-\mu_2}{\sigma_2} - \rho\frac{x-\mu_1}{\sigma_1}\right)^2} dy$$

令

$$t = \frac{1}{\sqrt{1-\rho^2}} \left(\frac{y-\mu_2}{\sigma_2} - \rho \frac{x-\mu_1}{\sigma_1}\right)$$

则有

$$f_X(x) = \frac{1}{\sqrt{2\pi}\sigma_1} e^{-\frac{(x-\mu_1)^2}{2\sigma_1^2}}, \quad -\infty < x < +\infty$$

同理

$$f_Y(y) = \frac{1}{\sqrt{2\pi}\sigma_1} e^{-\frac{(y-\mu_2)^2}{2\sigma_2^2}}, \quad -\infty < y < +\infty$$

由此可以看出，二维正态分布的两个边际密度函数 $f_X(x)$ 和 $f_Y(y)$ 都是一维正态分

布，并且都不依赖于参数 ρ，也即对于已知的 μ_1、μ_2、σ_1、σ_2，不同的 ρ 对应的不同的二维正态分布，它们的边际分布都是一样的，即 $X \sim N(\mu_1, \sigma_1^2)$，$Y \sim N(\mu_2, \sigma_2^2)$.

对这个现象的解释是：边际密度函数只考虑了单个分量的情况，而未涉及 X 和 Y 之间的关系，X 和 Y 之间的关系这个信息是包含在 (X,Y) 的概率密度函数之内的．参数 ρ 正好刻画了 X 和 Y 之间关系的密切程度．

2. 二维均匀分布

设 G 为一平面上的有界区域，其面积为 S，如果二维随机变量 (X,Y) 的联合密度函数为

$$f(x,y) = \begin{cases} \dfrac{1}{S}, & (x,y) \in G \\ 0, & 其他 \end{cases}$$

则称 (X,Y) 在 G 上服从均匀分布

例 3－8 设 G 为曲线 $y = \sin x$ 与 x 轴在 $0 \sim \pi$ 之间围成的区域（图 3.3），二维随机变量 (X,Y) 服从区域 G 上的均匀分布.
试求：

(1) X 与 Y 的边际密度函数；

(2) $P\left(Y > \dfrac{2}{\pi} X\right)$.

解：(1) 由题意可知 (X,Y) 的联合密度函数为

$$f(x,y) = \begin{cases} \dfrac{1}{2}, & 0 < x < \pi, 0 < y < \sin x \\ 0, & 其他 \end{cases}$$

所以

$$f_X(x) = \int_{-\infty}^{+\infty} f(x,y) \mathrm{d}y$$

$$= \begin{cases} \int_0^{\sin x} \dfrac{1}{2} \mathrm{d}y, & 0 < x < \pi \\ 0, & 其他 \end{cases}$$

$$= \begin{cases} \dfrac{1}{2} \sin x, & 0 < x < \pi \\ 0, & 其他 \end{cases}$$

同理

$$f_Y(y) = \int_{-\infty}^{+\infty} f(x,y) \mathrm{d}x$$

$$= \begin{cases} \int_{\arcsin y}^{\pi - \arcsin y} \dfrac{1}{2} \mathrm{d}x, & 0 < y < 1 \\ 0, & 其他 \end{cases}$$

$$= \begin{cases} \dfrac{\pi}{2} - \arcsin y, & 0 < y < 1 \\ 0, & 其他 \end{cases}$$

(2) 将 (X,Y) 看成是平面上随机点的坐标,即有
$$\left\{Y > \frac{2}{\pi}X\right\} = \{(X,Y) \in D\} = \left\{(X,Y) \mid Y > \frac{2}{\pi}X\right\}$$
而有 S_D 表示区域 D 的面积,S_G 表示区域 G 的面积,如图 3.3 所示. 由均匀分布的特点得
$$P\left(Y > \frac{2}{\pi}X\right) = \frac{S_D}{S_G} = \frac{1 - \frac{1}{2} \times \frac{\pi}{2} \times 1}{2} = \frac{1}{2} - \frac{\pi}{8}$$

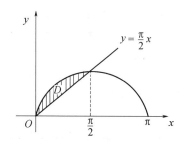

图 3.3　区域 D

可见,例 3-8 中 (X,Y) 的两个边际分布函数都不再是一维均匀分布. 但如果平面区域为一矩形 $D=\{(x,y)|a<x\leqslant b, c<y\leqslant d)\}$ 时,则 (X,Y) 的两个边际分布函数仍为均匀分布.

第三节　条 件 分 布

设 (X,Y) 为二维离散型随机变量,其分布律为
$$P\{X = x_i, Y = y_j\} = p_{ij}, \quad i,j = 1,2,\cdots$$
X 及 Y 的边际分布律分别为
$$p_{i\cdot} = P_X(x_i) = P\{X = x_i\} = \sum_j p_{ij}, i = 1,2,3,\cdots$$
$$p_{\cdot j} = P_Y(y_j) = P\{Y = y_j\} = \sum_i p_{ij}, j = 1,2,3,\cdots$$
设 $P_{\cdot j} > 0$,考虑在事件 $\{Y=y_j\}$ 已发生的条件下事件 $\{X=x_i\}$ 发生的概率,即求事件 $\{X=x_i|Y=y_j\}$,$(i=1,2,3,\cdots)$ 的概率,由条件概率公式可得
$$P\{X = x_i \mid Y = y_j\} = \frac{P\{X = x_i, Y = y_j\}}{P\{Y = y_j\}} = \frac{p_{ij}}{p_{\cdot j}}, i = 1,2,3,\cdots$$
易知 $P\{X=x_i|Y=y_j\} \geqslant 0$
$$\sum_{i=1}^{\infty} P\{X = x_i \mid Y = y_j\} = \sum_{i=1}^{\infty} \frac{p_{ij}}{p_{\cdot j}}$$
$$= \frac{1}{p_{\cdot j}} \sum_{i=1}^{\infty} p_{ij} = \frac{p_{\cdot j}}{p_{\cdot j}} = 1$$
于是引入如下定义:

定义 3.9　(X,Y) 为二维离散型随机变量,对于固定的 j,如果有 $P\{Y=y_j\}>0$,则称

$$P\{X=x_i \mid Y=y_j\} = \frac{P\{X=x_i, Y=y_j\}}{P\{Y=y_j\}} = \frac{p_{ij}}{p_{\cdot j}}, \quad i=1,2,3,\cdots \tag{3.10}$$

为在 $Y=y_j$ 的条件下随机变量 X 的条件分布律.

同样,对于固定的 i,如果有 $P\{X=x_i\}>0$,则称

$$P\{Y=y_j \mid X=x_i\} = \frac{P\{X=x_i, Y=y_j\}}{P\{X=x_i\}} = \frac{p_{ij}}{p_{i\cdot}}, \quad j=1,2,3,\cdots \tag{3.11}$$

为在 $X=x_i$ 的条件下随机变量 Y 的条件分布律.

例 3-9 设二维随机变量 (X,Y) 的联合概率分布律为

X \ Y	0	1
0	$\frac{2}{15}$	$\frac{4}{15}$
1	$\frac{4}{15}$	$\frac{5}{15}$

试求:

(1) 关于 X,Y 边际概率分布律;
(2) 在 $X=1$ 的条件下随机变量 Y 的条件分布律;
(3) 在 $Y=0$ 的条件下随机变量 X 的条件分布律.

解:(1) X,Y 边际概率分布律为

X \ Y	0	1	$p_{i\cdot}$
0	$\frac{2}{15}$	$\frac{4}{15}$	$\frac{6}{15}$
1	$\frac{4}{15}$	$\frac{5}{15}$	$\frac{9}{15}$
$p_{\cdot j}$	$\frac{6}{15}$	$\frac{9}{15}$	1

(2) 在 $X=1$ 的条件下随机变量 Y 的条件分布律为

$$P\{Y=0 \mid X=1\} = \frac{P\{X=1, Y=0\}}{P\{X=1\}} = \frac{\frac{4}{15}}{\frac{9}{15}} = \frac{4}{9}$$

$$P\{Y=1 \mid X=1\} = \frac{P\{X=1, Y=1\}}{P\{X=1\}} = \frac{\frac{5}{15}}{\frac{9}{15}} = \frac{5}{9}$$

(3) 在 $Y=0$ 的条件下随机变量 X 的条件分布律为

$$P\{X=0 \mid Y=0\} = \frac{P\{X=0, Y=0\}}{P\{Y=0\}} = \frac{\frac{2}{15}}{\frac{6}{15}} = \frac{1}{3}$$

$$P\{X=1 \mid Y=0\} = \frac{P\{X=1, Y=0\}}{P\{Y=0\}} = \frac{\frac{4}{15}}{\frac{6}{15}} = \frac{2}{3}$$

定义 3.10 设 (X,Y) 为二维连续型随机变量,其联合密度函数为 $f(x,y)$,X 与 Y 的边际密度函数分别为

$$f_X(x) = \int_{-\infty}^{+\infty} f(x,y)\,\mathrm{d}y$$

$$f_Y(y) = \int_{-\infty}^{+\infty} f(x,y)\,\mathrm{d}x$$

对于固定的 y,有

$$f_Y(y) = \int_{-\infty}^{+\infty} f(x,y)\,\mathrm{d}x > 0$$

则称 $\dfrac{f(x,y)}{f_Y(y)}$ 为在 $Y=y$ 的条件下随机变量 X 的条件概率密度. 记为

$$f_{X|Y}(x \mid y) = \frac{f(x,y)}{f_Y(y)} \tag{3.12}$$

对于固定的 x,有

$$f_X(x) = \int_{-\infty}^{+\infty} f(x,y)\,\mathrm{d}y > 0$$

则称 $\dfrac{f(x,y)}{f_X(x)}$ 为在 $X=x$ 的条件下随机变量 Y 的条件概率密度. 记为

$$f_{Y|X}(y \mid x) = \frac{f(x,y)}{f_X(x)} \tag{3.13}$$

例 3-10 设二维随机变量 (X,Y) 的联合密度函数为

$$f(x,y) = \begin{cases} \dfrac{21}{4}x^2 y, & x^2 \leqslant y \leqslant 1 \\ 0, & \text{其他} \end{cases}$$

试求:

(1) X 与 Y 的边际密度函数;
(2) 条件概率密度;
(3) 条件概率 $P\left(Y > \dfrac{3}{4} \mid X = \dfrac{1}{2}\right)$.

解:(1)由题意可知 (X,Y),所以

$$\begin{aligned}
f_X(x) &= \int_{-\infty}^{+\infty} f(x,y)\,\mathrm{d}y \\
&= \begin{cases} \int_{x^2}^{1} \dfrac{21}{4}x^2 y\,\mathrm{d}y, & -1 \leqslant x \leqslant 1 \\ 0, & \text{其他} \end{cases} \\
&= \begin{cases} \dfrac{21}{8}x^2(1-x^4), & -1 \leqslant x \leqslant 1 \\ 0, & \text{其他} \end{cases}
\end{aligned}$$

同理
$$f_Y(y) = \int_{-\infty}^{+\infty} f(x,y) \mathrm{d}x$$
$$= \begin{cases} \dfrac{7}{2} y^{\frac{5}{2}}, & 0 \leqslant y \leqslant 1 \\ 0, & \text{其他} \end{cases}$$

(2) 对 $0 < y \leqslant 1$，条件密度函数 $f_{X|Y}(x|y)$：有
$$f_{X|Y}(x|y) = \dfrac{f(x,y)}{f_Y(y)}$$
$$= \begin{cases} \dfrac{3}{2} x^2 y^{-\frac{3}{2}}, & -\sqrt{y} \leqslant x \leqslant \sqrt{y} \\ 0, & \text{其他} \end{cases}$$

对 $-1 < x < 1$，条件密度函数 $f_{Y|X}(y|x)$：有
$$f_{Y|X}(y|x) = \dfrac{f(x,y)}{f_X(x)}$$
$$= \begin{cases} \dfrac{2y}{1-x^4}, & x^2 \leqslant y \leqslant 1 \\ 0, & \text{其他} \end{cases}$$

(3) 当 $X = \dfrac{1}{2}$ 时，有
$$f_{Y|X}\left(y \middle| \dfrac{1}{2}\right) = \begin{cases} \dfrac{32y}{15}, & \dfrac{1}{4} \leqslant y \leqslant 1 \\ 0, & \text{其他} \end{cases}$$

从而
$$P\left(Y > \dfrac{3}{4} \middle| X = \dfrac{1}{2}\right)$$
$$= \int_{\frac{3}{4}}^{1} f_{Y|X}\left(y \middle| \dfrac{1}{2}\right) \mathrm{d}y = \int_{\frac{3}{4}}^{1} \dfrac{32}{15} y \mathrm{d}y = \dfrac{7}{15}$$

第四节　随机变量的独立性

一、二维随机变量的独立性

定义 3.11　设 $F(x,y)$、$F_X(x)$、$F_Y(y)$ 分别为 (X,Y) 的联合分布函及边际分布函数，若对任意实数 x、y 有
$$F(x,y) = F_X(x) F_Y(y) \tag{3.14}$$
则称 X 与 Y 是相互独立的.

显然，式(3.14)等价于
$$P\{X \leqslant x, Y \leqslant y\} = P\{X \leqslant x\} \cdot P\{Y \leqslant y\}$$

因此,随机变量 X 与 Y 相互独立是指:对任意实数 x,y,随机事件 $\{X\leqslant x\}$ 和 $\{Y\leqslant y\}$ 相互独立.

二、离散型随机变量 (X,Y) 的独立性的充要条件

设 (X,Y) 为二维离散型随机变量,其分布律为

$$P\{X=x_i,Y=y_j\}=p_{ij},\ i,j=1,2,\cdots$$

X 及 Y 的边际分布分别为

$$p_{i.}=P_X(x_i)=P\{X=x_i\}=\sum_j p_{ij},\ i=1,2,3,\cdots$$

$$p_{.j}=P_Y(y_j)=P\{Y=y_j\}=\sum_i p_{ij},\ j=1,2,3,\cdots$$

则 X 与 Y 相互独立的充要条件是对一切 $i、j$,都有

$$P\{X=x_i,Y=y_j\}=P\{X=x_i\}\cdot P\{Y=y_j\}$$

或

$$p_{ij}=p_{i.}\cdot p_{.j}$$

例 3－11 设二维随机变量 (X,Y) 的联合概率分布律及边际概率分布律如下:

X \ Y	0	1	$p_{i.}$
0	$\frac{2}{15}$	$\frac{4}{15}$	$\frac{6}{15}$
1	$\frac{4}{15}$	$\frac{5}{15}$	$\frac{9}{15}$
$p_{.j}$	$\frac{6}{15}$	$\frac{9}{15}$	1

判断 $X、Y$ 是否相互独立?

解:因为 $P_{00}\neq P_{.0}\cdot P_{0.}$. 故 $X、Y$ 不相互独立.

例 3－12 如果 (X,Y) 的联合分布律如下:

X \ Y	1	2
1	1/6	1/3
2	1/9	α
3	1/18	β

问:若 $X、Y$ 独立时,$\alpha、\beta$ 的值各为多少?

解:有已知得 $X、Y$ 的边际分布律如下:

X	1	2	3
p	$\frac{1}{2}$	$\frac{1}{9}+\alpha$	$\frac{1}{18}+\beta$

Y	1	2
p	$\frac{1}{3}$	$\frac{2}{3}$

由 X 与 Y 的独立性

$$P_{22} = P_{2\cdot} \cdot P_{\cdot 2}, \quad P_{32} = P_{3\cdot} \cdot P_{\cdot 2}$$

得

$$\alpha = (9+\alpha) \times 2/3, \quad \beta = (1/18+\beta) \times 2/3$$

从而 $\alpha = 2/9, \beta = 1/9$.

三、连续型随机变量 (X,Y) 相互独立的充要条件

设 $f(x,y)$、$f_X(x)$、$f_Y(y)$ 分别为二维连续型随机变量 (X,Y) 的联合密度函数及边际密度函数. 则 X 与 Y 相互独立的充要条件是对一切 x、y,有

$$f(x,y) = f_X(x) f_Y(y) \tag{3.15}$$

若 (X,Y) 服从二维正态分布,则 X 与 Y 相互独立的充要条件是 $p_{xy}=0$.

显然,若 X 与 Y 相互独立,则可由 X 与 Y 的边际分布唯一确定其联合分布.

例 3-13 设二维随机变量 (X,Y) 的概率密度函数

$$f(x,y) = \begin{cases} 2e^{-(2x+y)}, & x>0, y>0 \\ 0, & 其他 \end{cases}$$

判断 X、Y 是否相互独立?

解:$f_X(x) = \int_{-\infty}^{+\infty} f(x,y) dy = \begin{cases} \int_0^{+\infty} 2e^{-(2x+y)} dy, & x>0 \\ 0, & 其他 \end{cases}$

$$= \begin{cases} 2e^{-2x}, & x>0 \\ 0, & 其他 \end{cases}$$

同理

$$f_Y(y) = \int_{-\infty}^{+\infty} f(x,y) dx = \begin{cases} e^{-y}, & y>0 \\ 0, & 其他 \end{cases}$$

故

$$f(x,y) = f_X(x) f_Y(y)$$

因此 X、Y 是相互独立的.

例 3-14 设二维随机变量 (X,Y) 的联合密度分布为

$$f(x,y) = \begin{cases} 12y^2 & 0<y<x<1 \\ 0 & 其他 \end{cases}$$

试求:

(1) 边际密度函数 $f_X(x), f_Y(y)$;

(2) X 与 Y 是否相互独立.

解:(1) $f_X(x) = \int_{-\infty}^{+\infty} f(x,y) dy = \begin{cases} \int_0^x 12y^2 dy = 4x^3, & 0<x<1 \\ 0, & 其他 \end{cases}$

$$f_Y(y) = \int_{-\infty}^{+\infty} f(x,y)\,dx = \begin{cases} \int_y^1 12y^2\,dx = 12y^2(1-y), & 0 < y < 1 \\ 0, & \text{其他} \end{cases}$$

(2) 由于

$$f(x,y) \neq f_X(x)\,f_Y(y)$$

所以 X 与 Y 不相互独立.

第五节 两个随机变量的函数的分布

第二章讨论了一个随机变量的函数分布,现在讨论两个随机变量的函数分布问题. 对二维随机变量 (X,Y) 来说,其分量 X 的 Y 函数 $Z=g(X,Y)$ 是一个随机变量. 现由 (X,Y) 的分布导出 $Z=g(X,Y)$ 的分布. 下面先讨论简单的二维离散型随机变量 (X,Y) 的函数的分布的求法.

一、两个离散型随机变量函数的分布

例 3-15 设二维随机变量 (X,Y) 的联合概率分布律为

X \ Y	-1	1
-1	$\frac{1}{15}$	$\frac{4}{15}$
1	$\frac{4}{15}$	$\frac{6}{15}$

试求:(1) $Z_1 = X+Y$ 的分布;

(2) $Z_2 = XY$ 的分布.

解:(1) Z_1 的可能取值为 $-2, 0, 2$,故

$$P(Z_1 = -2) = P(X = -1, Y = -1) = \frac{1}{15}$$

$$P(Z_1 = 0) = P(X = -1, Y = 1) + P(X = 1, Y = -1) = \frac{8}{15}$$

$$P(Z_1 = 2) = P(X = 1, Y = 1) = \frac{6}{15}$$

所以 $Z_1 = X+Y$ 的分布律如下:

Z_1	-1	0	2
p	$\frac{1}{15}$	$\frac{8}{15}$	$\frac{6}{15}$

(2) Z_2 的可能取值为 $-1, 1$,故

$$P(Z_2 = -1) = P(X = 1, Y = -1) + P(X = -1, Y = 1) = \frac{8}{15}$$

$$P(Z_2=1)=P(X=-1,Y=-1)+P(X=1,Y=1)=\frac{7}{15}$$

所以 $Z_2=XY$ 的分布律如下:

Z_2	-1	1
p	$\frac{8}{15}$	$\frac{7}{15}$

下面讨论几种简单的二维连续型随机变量 (X,Y) 的函数分布求法.

二、两个连续型随机变量函数的分布*

1. $Z=X+Y$ 的分布

设 (X,Y) 为二维连续型随机变量,其联合概率密度函数为 $f(x,y)$,则 $Z=X+Y$ 仍为一个连续型随机变量,其概率密度函数为

$$f_{X+Y}(z)=\int_{-\infty}^{+\infty}f(z-y,y)\mathrm{d}y \qquad (3.16)$$

或

$$f_{X+Y}(z)=\int_{-\infty}^{+\infty}f(x,z-x)\mathrm{d}x \qquad (3.17)$$

又若随机变量 X、Y 相互独立,设 (X,Y) 关于 X、Y 的边际密度函数分别为 $f_X(x)$ 和 $f_Y(y)$. 则式(3.16)和式(3.17)分别化为

$$f_{X+Y}(z)=\int_{-\infty}^{+\infty}f_X(z-y)f_Y(y)\mathrm{d}y \qquad (3.18)$$

或

$$f_{X+Y}(z)=\int_{-\infty}^{+\infty}f_X(x)f_Y(z-x)\mathrm{d}x \qquad (3.19)$$

式(3.18)和式(3.19)称为 f_X 与 f_Y 的卷积公式. 记为 f_X*f_Y,即

$$f_X*f_Y=\int_{-\infty}^{+\infty}f_X(z-y)f_Y(y)\mathrm{d}y=\int_{-\infty}^{+\infty}f_X(x)f_Y(z-x)\mathrm{d}x$$

证明:先求 $Z=X+Y$ 的分布函数 $F_Z(z)$,有

$$F_Z(z)=P(Z\leqslant z)=\iint\limits_{X+Y\leqslant z}f(x,y)\mathrm{d}x\mathrm{d}y$$

区域 $G=\{(x,y)|x+y\leqslant z\}$,它是直线 $x+y=z$ 及其左下方的半平面(图3.4),有

$$F_Z(z)=\int_{-\infty}^{+\infty}\left[\int_{-\infty}^{z-y}f(x,y)\mathrm{d}x\right]\mathrm{d}y$$

固定 z 和 y 的 $\int_{-\infty}^{z-y}f(x,y)\mathrm{d}x$ 作变量代换,令 $x=u-y$,得

$$\int_{-\infty}^{z-y}f(x,y)\mathrm{d}x=\int_{-\infty}^{z}f(u-y,y)\mathrm{d}u$$

于是

$$F_Z(z) = \int_{-\infty}^{+\infty} \left[\int_{-\infty}^{z} f(u-y,y)\mathrm{d}u\right]\mathrm{d}y = \int_{-\infty}^{z}\left[\int_{-\infty}^{+\infty} f(u-y,y)\mathrm{d}y\right]\mathrm{d}u$$

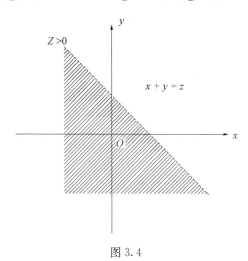

图 3.4

由概率密度的定义即得式(3.18),类似可证得式(3.19).

例 3—16 设某种商品一周的需要量是一个随机变量,其概率密度函数为

$$f(x) = \begin{cases} x\mathrm{e}^{-x}, & x \geqslant 0 \\ 0, & x < 0 \end{cases}$$

如果各周的需要量相互独立,求两周需要量的概率密度函数.

解:分别用 X 和 Y 表示第一周和第二周的需要量,则 X 和 Y 的概率密度函数分别为

$$f_X(x) = \begin{cases} x\mathrm{e}^{-x}, & x \geqslant 0 \\ 0, & x < 0 \end{cases}$$

$$f_Y(x) = \begin{cases} y\mathrm{e}^{-y}, & y \geqslant 0 \\ 0, & y < 0 \end{cases}$$

从而两周需要量 $Z=X+Y$,下面用式(3.19)来计算 $f_Z(z)$.

当 $z \leqslant 0$ 时:若 $x > 0$,则 $z-x < 0$,有 $f_Y(z-x)=0$;若 $x \leqslant 0$,有 $f_X(x)=0$. 故 $f_Z(z)=0$.

当 $z > 0$ 时:若 $x \leqslant 0$,有 $f_X(x)=0$;若 $z-x \leqslant 0$,即 $z \leqslant x$,有 $f_Y(z-x)=0$. 故

$$\begin{aligned}f_Z(z) &= \int_{-\infty}^{+\infty} f_X(x)f_Y(z-x)\mathrm{d}x \\ &= \int_0^z x\mathrm{e}^{-x}(z-x)\mathrm{e}^{-(z-x)}\mathrm{d}x \\ &= \frac{z^3}{6}\mathrm{e}^{-z}\end{aligned}$$

所以

$$f_Z(z) = \begin{cases} \dfrac{z^3}{6}\mathrm{e}^{-z}, & z > 0 \\ 0, & z \leqslant 0 \end{cases}$$

2. $Z=\max\{X,Y\}$ 和 $Z=\min\{X,Y\}$ 的分布

设 X 与 Y 是两个相互独立的随机变量,它们的分布函数分别为 $F_X(x)$ 和 $F_Y(y)$,现求 $Z=\max\{X,Y\}$ 和 $Z=\min\{X,Y\}$ 的分布函数.

由于 $Z=\max\{X,Y\}$ 不大于 z 等价于 X 与 Y 都不大于 z,故有

$$P(Z\leqslant z) = P(X\leqslant z, Y\leqslant z)$$

又由于 X 与 Y 相互独立,得到 $Z=\max\{X,Y\}$ 的分布函数为

$$\begin{aligned}F_{\max}(z) &= P(Z\leqslant z) = P(X\leqslant z, Y\leqslant z)\\ &= P(X\leqslant z)P(Y\leqslant z)\\ &= F_X(z)F_Y(z)\end{aligned}$$

即有

$$F_{\max}(z) = F_X(z)F_Y(z) \tag{3.20}$$

类似可得 $Z=\min\{X,Y\}$ 的分布函数为

$$\begin{aligned}F_{\min}(z) &= P(Z\leqslant z) = 1-P(Z>z)\\ &= 1-P(X>z, Y>z)\\ &= 1-P(X>z)P(Y>z)\\ &= 1-[1-F_X(z)][1-F_Y(z)]\end{aligned}$$

即有

$$F_{\min}(z) = 1-[1-F_X(z)][1-F_Y(z)] \tag{3.21}$$

例 3—17 设系统 L 由两个相互独立的子系统 L_1、L_2 连接而成,连接的方式分别为、串联、并联和备用,如图 3.5 所示. 设 L_1、L_2 的寿命分别 X、Y,其概率密度函数分

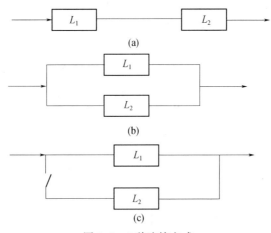

图 3.5 3 种连接方式
(a) 串联;(b) 并联;(c) 备用。

别为

$$f_X(x) = \begin{cases} \alpha e^{-\alpha x}, & x \geqslant 0 \\ 0, & x < 0 \end{cases}$$

$$f_Y(y) = \begin{cases} \beta e^{-\beta y}, & y \geqslant 0 \\ 0, & y < 0 \end{cases}$$

其中 $\alpha > 0, \beta > 0$,且 $\alpha \neq \beta$,分别对以上 3 种连接方式写出 L 的寿命 Z 的概率密度函数.

解：由 X 和 Y 的概率密度函数可得 X 和 Y 的分布函数分别为

$$F_X(x) = \begin{cases} 1 - e^{-\alpha x}, & x \geqslant 0 \\ 0, & x < 0 \end{cases}$$

$$F_Y(y) = \begin{cases} 1 - e^{-\beta y}, & y \geqslant 0 \\ 0, y \leqslant 0, & y < 0 \end{cases}$$

(1) 串联时，$Z = \min\{X, Y\}$，由式(3.21)，可得其分布函数为

$$F_Z(z) = \begin{cases} 1 - e^{-(\alpha+\beta)z}, & z \geqslant 0 \\ 0, & z < 0 \end{cases}$$

所以，概率密度函数为

$$f_Z(z) = \begin{cases} (\alpha+\beta)e^{-(\alpha+\beta)z}, & z \geqslant 0 \\ 0, & z < 0 \end{cases}$$

(2) 并联时，$Z = \max\{X, Y\}$，由式(3.20)可得其分布函数为

$$F_Z(z) = \begin{cases} (1 - e^{-\alpha z})(1 - e^{-\beta z}), & z \geqslant 0 \\ 0, & z < 0 \end{cases}$$

所以，概率密度函数为

$$f_Z(z) = \begin{cases} \alpha e^{-\alpha z} + \beta e^{-\beta z} - (\alpha+\beta)e^{-(\alpha+\beta)z}, & z \geqslant 0 \\ 0, & z < 0 \end{cases}$$

(3) 备用时，$Z = X + Y$.

当 $z < 0$ 时：若 $x > 0$，则 $z - x < 0$，有 $f_Y(z-x) = 0$；若 $x \leqslant 0$，有 $f_X(x) = 0$. 故 $f_Z(z) = 0$.

当 $z \geqslant 0$ 时，有

$$\begin{aligned} f_Z(z) &= \int_{-\infty}^{+\infty} f_X(x) f_Y(z-x) dx \\ &= \int_0^z \alpha e^{-\alpha x} \beta e^{-\beta(z-x)} dx \\ &= \frac{\alpha\beta}{\alpha-\beta}(e^{-\beta z} - e^{-\alpha z}) \end{aligned}$$

所以

$$f_Z(z) = \begin{cases} \dfrac{\alpha\beta}{\alpha-\beta}(e^{-\beta z} - e^{-\alpha z}), & z \geqslant 0 \\ 0, & z < 0 \end{cases}$$

习　题

1. 若二维离散型随机变量(X,Y)的联合分布律如下：

Y\X	1	2
0	0.25	b
1		
2	a	0.15

试问a、b应满足什么条件？

2. 设二维随机向量(X,Y)的联合概率密度函数为

$$f(x,y)=\begin{cases}c, & -1\leqslant x\leqslant 1, 0\leqslant y\leqslant 2\\ 0, & 其他\end{cases}$$

试求c.

3. 口袋中有 4 个球，分别标有 1,2,2,3，从袋中任取 1 个球后，不放回，取 2 次，分别以 X 和 Y 记第 1 次和第 2 次取得球上标有的数. 求(X,Y)的联合分布律.

4. 一箱子中装有 12 件产品，其中有次品 2 件，以放回抽样任取 2 次，每次一件，定义随机变量X、Y如下：

$$X=\begin{cases}0, & 第一次取得正品\\ 1, & 第一次取得次品\end{cases}$$

$$Y=\begin{cases}0, & 第二次取得正品\\ 1, & 第二次取得次品\end{cases}$$

试求(X,Y)的联合分布律.

5. 设随机变量U在区间$[-2,2]$上服从均匀分布，随机变量为

$$X=\begin{cases}-1, & U\leqslant -1\\ 1, & U>-1\end{cases}$$

$$Y=\begin{cases}-1, & U\leqslant 1\\ 1, & U>1\end{cases}$$

试求(X,Y)的联合分布律.

6. 设二维随机变量(X,Y)的联合概率分布律为

Y\X	0	1	2
0	0.2	0.1	0.3
1	0.3	0	0.1

试求：

(1) 关于 X, Y 边际概率分布律；

(2) 在 $X=1$ 的条件下随机变量 Y 的条件分布律；

(3) 在 $Y=0$ 的条件下随机变量 X 的条件分布律．

7. 设二维随机向量 (X,Y) 的联合概率密度函数为

$$f(x,y) = \begin{cases} 1, & 0 \leqslant x \leqslant 1, |y| < x \\ 0, & \text{其他} \end{cases}$$

求条件概率密度 $f_{X|Y}(x|y)$ 和 $f_{Y|X}(y|x)$．

8. 盒子中有 3 个黑球、2 个白球、2 个红球，从中任取 4 个球，以 X 记其中黑球的个数，Y 记其中红球的个数．试求：

(1) (X,Y) 的联合概率分布律；

(2) X 与 Y 的边际分布律；

(3) X 与 Y 是否独立？

(4) $P(X>Y), P(Y=2X)$．

9. 设随机变量 (X,Y) 的概率密度函数为

$$f(x,y) = \begin{cases} 24y(1-x), & 0<x<1, 0<y<x \\ 0, & \text{其他} \end{cases}$$

求 X、Y 的边际密度函数．

10. 设随机变量 (X,Y) 的概率密度函数

$$f(x,y) = \begin{cases} Ae^{-2x-3y}, & 0<x, 0<y \\ 0, & \text{其他} \end{cases}$$

试求：

(1) 常数 A；

(2) X、Y 的边际密度函数，并判断 X、Y 是否相互独立；

(3) (X,Y) 的联合分布函数；

(4) $P\{X>Y\}$．

11. 设随机变量 (X,Y) 的概率密度函数为

$$f(x,y) = \begin{cases} 6x^2y, & 0 \leqslant x \leqslant 1, 0 \leqslant y \leqslant 1 \\ 0, & \text{其他} \end{cases}$$

试求：

(1) X、Y 的边际密度函数，并判断 X、Y 是否相互独立；

(2) $P\{X>Y\}$；

(3) (X,Y) 的联合分布函数．

12. 设 X、Y 相互独立，且都服从参数为 λ 的泊松分布，证明：$Z=X+Y \sim P(2\lambda)$．

13. 设随机变量独立同分布，且

X	0	2
P	$\frac{1}{2}$	$\frac{1}{2}$

Y	0	2
P	$\frac{1}{2}$	$\frac{1}{2}$

试求：

(1) (X,Y) 的联合分布律；

(2) $Z=\max(X,Y)$ 的概率分布律；

(3) $W=XY$ 的概率分布律.

14. 设随机变量 (X,Y) 的概率密度函数为

$$f(x,y) = \begin{cases} x+y, & 0<x<1, 0<y<1 \\ 0, & \text{其他} \end{cases}$$

试求 $W=X+Y$ 的密度函数.

15. 设随机变量 (X,Y) 的概率密度函数为

$$f(x,y) = \begin{cases} \frac{1}{2}(x+y)\mathrm{e}^{-x-y}, & 0<x, 0<y \\ 0, & \text{其他} \end{cases}$$

(1) 判断 X、Y 是否相互独立？

(2) 求 $W=X+Y$ 的密度函数.

16. 设 X、Y 相互独立，且 $X \sim U(0,1)$，$Y \sim U(0,2)$，求 $Z=\max\{X,Y\}$ 和 $Z=\min\{X,Y\}$ 的密度函数.

17. 设 X、Y 相互独立，它们都服从标准正态分布 $N(0,1)$. 证明：

(1) $Z=X^2+Y^2$ 服从 $\lambda=\frac{1}{2}$ 的指数分布（自由度为 2 的 χ^2 分布）；

(2) $W=X+Y$ 服从正态分布 $N(0,2)$（用卷积公式）.

第四章 随机变量的数字特征

本章介绍数字特征概念和常见分布的数字特征,以及随机变量函数的数学期望和方差的常用公式及期望、方差和相关系数的性质.

随机变量的数字特征主要是指数学期望、方差、协方差、相关系数等. 其中,数学期望是最重要的数字特征,其他所有的数字特征的计算都依赖于数学期望;对于一个随机变量来说,数学期望和方差是最主要的两个参数,数学期望描述了随机变量的均值,而方差描述了随机变量的离散程度(或差异程度).

协方差和相关系数只对多个随机变量才有意义,在各个学科的应用中相关系数非常重要,就是因为相关系数能够刻画两个随机变量之间的线性关系.

第一节 数 学 期 望

位置特征是指表征随机变量取值的集中位置、中心位置、平均水平或一般水平的一类数字特征. 数学期望也称概率平均值,是最重要和应用最广泛的位置特征.

一、数学期望的概念

首先举一个例子.

例 4—1 某班有 20 人,在一次考试中成绩如下:2 人 50 分,3 人 60 分,8 人 70 分,5 人 80 分,2 人 90 分,这 20 人的平均成绩为

$$\frac{1}{20}(2 \times 50 + 3 \times 60 + 8 \times 70 + 5 \times 80 + 2 \times 90)$$
$$= 50 \times \frac{2}{20} + 60 \times \frac{3}{20} + 70 \times \frac{8}{20} + 80 \times \frac{5}{20} + 90 \times \frac{2}{20} = 71$$

我们换一种描述方法:从这 20 人中任取 1 人,以 X 表示其成绩,那么 X 为一个离散型随机变量,分布律如下:

X	50	60	70	80	90
p	$\frac{2}{20}$	$\frac{3}{20}$	$\frac{8}{20}$	$\frac{5}{20}$	$\frac{2}{20}$

如果用 X 的取值乘以对应的概率再相加,可得

$$50 \times \frac{2}{20} + 60 \times \frac{3}{20} + 70 \times \frac{8}{20} + 80 \times \frac{5}{20} + 90 \times \frac{2}{20} = 71$$

所得结果与平均成绩是一样的,也就是说,随机变量 X 的取值乘以对应的概率再求

加就是平均成绩.对于一般的随机变量,给出如下定义:

定义 4.1 设 X 为一离散型随机变量,其分布律为 $P\{X=x_k\}=p_k(i=1,2,\cdots)$,若级数 $\sum_{i=1}^{\infty} x_i p_i$ 绝对收敛($\sum_{i=1}^{\infty} |x_i| p_i < +\infty$),则称这级数为 X 的数学期望(简称期望或均值).用 $E(X)$ 表示,即

$$E(X) = \sum_{i=1}^{\infty} x_i p_i \tag{4.1}$$

否则,称 X 的数学期望不存在.

在定义 4.1 中,要求 $\sum_{i=1}^{\infty} x_i p_i$ 绝对收敛是必需的,因为 X 的数学期望是一确定的量,不受 $x_i p_i$ 在级数中的排列次序的影响,这在数学上就要求级数绝对收敛.

X 的数学期望也称为数 x_i 以概率 p_i 为权的加权平均.

例 4-2 已知离散型随机变量 X 的分布律为

$$P\left\{X = (-1)^{i-1} \frac{2^i}{i}\right\} = \frac{1}{2^i},\ i = 1, 2, \cdots$$

有

$$\sum_{i=1}^{\infty} (-1)^{i-1} \frac{2^i}{i} \cdot \frac{1}{2^i} = \sum_{i=1}^{\infty} (-1)^{i-1} \frac{1}{i}$$

存在,但

$$\sum_{i=1}^{\infty} \frac{2^i}{i} \cdot \frac{1}{2^i} = \sum_{i=1}^{\infty} \frac{1}{i}$$

是不存在的,所以 X 的数学期望不存在.

例 4-3 求二点分布的数学期望.

解:由于二点分布的分布律为

X	0	1
p_k	q	p

$0 < p < 1,\ q = 1-p$

则

$$E(X) = 0 \cdot q + 1 \cdot p = p$$

例 4-4 求二项分布 $X \sim B(n,p)$ 的数学期望.

解:由于 X 的分布律为

$$P\{X=k\} = C_n^k p^k (1-p)^{n-k},\ k = 0, 1, \cdots, n,\ 0 < p < 1$$

所以

$$E(X) = \sum_{k=1}^{n} k \cdot P\{X=k\} = \sum_{k=1}^{n} k \cdot C_n^k p^k q^{n-k}$$

$$= \sum_{k=1}^{n} \frac{np(n-1)!}{(k-1)![(n-1)-(k-1)]!} p^{k} q^{(n-1)(k-1)}$$

$$= np(p+q)^{n-1} = np$$

例 4-5 求泊松分布 $X \sim P(\lambda)$（$\lambda > 0$）的数学期望.

解：X 的分布律为

$$P\{X = k\} = \frac{\lambda^k}{k!}e^{-\lambda}, \quad k = 0, 1, \cdots, n, \cdots$$

所以

$$E(X) = \sum_{k=1}^{\infty} k \cdot P\{X = k\} = \sum_{k=1}^{n} k \cdot \frac{\lambda^k}{k!}e^{-\lambda}$$

$$= e^{-\lambda} \sum_{k=1}^{\infty} \frac{\lambda^k}{(k-1)!} = \lambda e^{-\lambda} \sum_{k=1}^{\infty} \frac{\lambda^{k-1}}{(k-1)!}$$

$$= \lambda e^{-\lambda} \cdot e^{\lambda} = \lambda$$

这说明，泊松分布的参数 λ 就是服从泊松分布的随机变量的均值.

定义 4.2 设 X 为一连续型随机变量，其密度函数是 $f(x)$，若 $\int_{-\infty}^{+\infty} |x| f(x) < +\infty$ 时，则称

$$E(X) = \int_{-\infty}^{+\infty} x f(x) \mathrm{d}x \tag{4.2}$$

为 X 的数学期望.

否则，称 X 的数学期望不存在.

例 4-6 求均匀分布 $X \sim U(a, b)$ 的数学期望.

解：由于 X 的密度函数为

$$f(x) = \begin{cases} \dfrac{1}{b-a}, & a < x < b \\ 0, & \text{其他} \end{cases}$$

所以

$$E(X) = \int_{-\infty}^{+\infty} x f(x) \mathrm{d}x = \int_a^b x \frac{1}{b-a} \mathrm{d}x$$

$$= \frac{a+b}{2}$$

它恰好是区间 $[a, b]$ 的中点，这与均值意义相符.

例 4-7 求指数分布 $X \sim e(\lambda)$（$\lambda > 0$）的数学期望.

解：X 的密度函数为

$$f(x) = \begin{cases} \lambda e^{-\lambda x}, & x \geqslant 0 \\ 0, & \text{其他} \end{cases}$$

$$E(X) = \int_{-\infty}^{+\infty} x f(x) \mathrm{d}x = \int_0^{\infty} x \lambda e^{-\lambda x} \mathrm{d}x$$

$$= \int_0^{\infty} (-x) \mathrm{d}e^{-\lambda x} = \frac{1}{\lambda}$$

例 4-8 求正态分布 $X \sim N(\mu, \sigma^2)$ 的数学期望.

解：X 的密度函数为

$$f(x) = \frac{1}{\sqrt{2\pi}\sigma} e^{-\frac{(x-\mu)^2}{2\sigma^2}}, \quad -\infty < x < +\infty$$

所以

$$E(X) = \int_{-\infty}^{+\infty} x f(x) dx = \frac{1}{\sqrt{2\pi}\sigma} \int_{-\infty}^{+\infty} x e^{-\frac{(x-\mu)^2}{2\sigma^2}} dx$$

$$\xlongequal{x=\mu+\sigma u} \frac{1}{\sqrt{2\pi}} \int_{-\infty}^{\infty} (\mu + u\sigma) e^{-\frac{u^2}{2}} du$$

$$= \frac{1}{\sqrt{2\pi}} \int_{-\infty}^{\infty} \mu e^{-\frac{u^2}{2}} du + \frac{\sigma}{\sqrt{2\pi}} \int_{-\infty}^{+\infty} u e^{-\frac{u^2}{2}} du = \mu$$

这说明正态分布的参数 μ 是正态随机变量的均值.

二、随机变量函数的数学期望

定理 4.1 设 X 是一个随机变量,且 $Y = g(X)$ (g 是连续函数).

(1) 如果 X 是一离散型随机变量,其概率分布律为 $P\{X=x_k\} = p_k (k=1,2,\cdots)$,那么当 $\sum_{i=1}^{\infty} |g(x_i)| p_i < +\infty$ 时,则随机变量 $Y = g(X)$ 的数学期望 $E(g(X))$ 存在,且

$$E(Y) = E(g(X)) = \sum_{i=1}^{\infty} g(x_i) p_i \tag{4.3}$$

(2) 如果 X 是连续型随机变量,其密度函数为 $f(x)$,那么当 $\int_{-\infty}^{+\infty} |g(x)| f(x) < +\infty$ 时,则随机变量 $Y = g(X)$ 的数学期望 $E(g(X))$ 存在,且

$$E(Y) = E(g(X)) = \int_{-\infty}^{+\infty} g(x) f(x) dx \tag{4.4}$$

证明略.

式(4.3)和式(4.4)的重要意义在于当求 $E(Y)$ 时,不必知道 Y 的分布,只要知道 X 的分布就可以了.

例 4-9 设 X 的分布律如下:

X	1	2	3
p	0.1	0.7	0.2

试求:

(1) $Y_1 = \dfrac{1}{X}$;

(2) $Y_2 = X^2 + 2$ 的数学期望.

解:由式(4.3),得

(1) $E(Y_1) = E\left(\dfrac{1}{X}\right) = 1 \times 0.1 + \dfrac{1}{2} \times 0.7 + \dfrac{1}{3} \times 0.2 \approx 0.52$

(2) $E(Y_2)=E(X^2+2)=(1^2+2)\times 0.1+(2^2+2)\times 0.7+(3^2+2)\times 0.2=6.7$

例 4-10 随机变量 X 的分布律如下：

X	0	1	2	3
p	$\frac{1}{2}$	$\frac{1}{4}$	$\frac{1}{8}$	$\frac{1}{8}$

求 $E(X)$，$E\left(\frac{1}{1+X}\right)$，$E(X^2)$.

解：$E(X)=0\times\frac{1}{2}+1\times\frac{1}{4}+2\times\frac{1}{8}+3\times\frac{1}{8}=\frac{7}{8}$

$$E\left(\frac{1}{1+X}\right)=\frac{1}{1+0}\times\frac{1}{2}\times\frac{1}{1+1}\times\frac{1}{4}+\frac{1}{1+2}\times\frac{1}{8}+\frac{1}{1+3}\times\frac{1}{8}=\frac{67}{96}$$

$$E(X^2)=0^2\times\frac{1}{2}+1^2\times\frac{1}{4}+2^2\times\frac{1}{8}+3^2\times\frac{1}{8}=\frac{15}{8}$$

例 4-11 已知 $X\sim U(0,2\pi)$，求 $E(\sin X)$.

解：X 的密度函数为

$$f(x)=\begin{cases}\frac{1}{2\pi}, & 0\leqslant x\leqslant 2\pi\\ 0, & 其他\end{cases}$$

由式(4.4)，得

$$E(\sin X)=\int_{-\infty}^{+\infty}\sin x\cdot f(x)\mathrm{d}x=\frac{1}{2\pi}\int_0^{2\pi}\sin x\mathrm{d}x=0$$

例 4-12 设随机变量 X 的概率密度函数为

$$f(x)=\begin{cases}\mathrm{e}^{-x}, & x\geqslant 0\\ 0, & x<0\end{cases}$$

求：

(1) $Y=2X$ 的期望；

(2) $Y=\mathrm{e}^{-2X}$ 的期望.

解：(1) $\quad Z(Y)=\int_0^{+\infty}2x\mathrm{e}^{-x}\mathrm{d}x$

$$-\int_0^{+\infty}2x\mathrm{d}\mathrm{e}^{-x}=\left[-2x\mathrm{e}^{-x}\right]_0^{+\infty}+2\int_0^{+\infty}\mathrm{e}^{-x}\mathrm{d}x$$

$$=-2\mathrm{e}^{-x}\big|_0^{+\infty}=2$$

(2) $\quad Z(Y)=\int_{-\infty}^{+\infty}\mathrm{e}^{-2x}f(x)\mathrm{d}x$

$$=\int_0^{+\infty}\mathrm{e}^{-2x}\mathrm{e}^{-x}\mathrm{d}x=\int_0^{+\infty}\mathrm{e}^{-3x}\mathrm{d}x$$

$$=-\frac{1}{3}\mathrm{e}^{-3x}\Big|_0^{+\infty}=\frac{1}{3}$$

三、二维随机变量的数学期望

定理 4.2 设 (X,Y) 为二维离散型随机变量，联合概率分布为

$$P\{(X,Y)=(x_i,y_j)\}=P\{X=x_i,Y=y_j\}=p_{ij},\ i,j=1,2,\cdots$$

又 $z=g(x,y)$ 为二元连续函数,当

$$\sum_{i=1}^{\infty}\sum_{j=1}^{\infty}|g(x_i,y_j)|p_{ij}<+\infty$$

时,则 $Z=g(X,Y)$ 的数学期望存在,且

$$E(g(X,Y))=\sum_{i=1}^{\infty}\sum_{j=1}^{\infty}g(x_i,y_j)p_{ij} \qquad (4.5)$$

定理 4.3 设 (X,Y) 为二维连续型随机变量,联合概率密度为 $f(x,y)$,又 $z=g(x,y)$ 为二元连续函数,那么当

$$\int_{-\infty}^{+\infty}\int_{-\infty}^{+\infty}|g(x,y)|f(x,y)<+\infty$$

时,则 $Z=g(X,Y)$ 的数学期望存在,且

$$E(Z)=E(g(X,Y))=\int_{-\infty}^{+\infty}\int_{-\infty}^{+\infty}g(x,y)f(x,y)\mathrm{d}x \qquad (4.6)$$

例 4-13 设 (X,Y) 的联合概率分布及关于 X、Y 边际概率分布律如下:

X \ Y	0	1	$p_i.$
0	$\frac{2}{15}$	$\frac{4}{15}$	$\frac{6}{15}$
1	$\frac{4}{15}$	$\frac{5}{15}$	$\frac{9}{15}$
$p._j$	$\frac{6}{15}$	$\frac{9}{15}$	1

试求:$E(X),E(Y),E(X+Y),E(X^2+Y^2)$.

解:由定理 4.3,得

$$E(X)=\sum_{k=0}^{1}k\cdot P\{X=k\}$$
$$=0\times\frac{6}{15}+1\times\frac{9}{15}=\frac{9}{15}=\frac{3}{5}$$

$$E(Y)=\sum_{k=0}^{1}k\cdot P\{Y=k\}$$
$$=0\times\frac{6}{15}+1\times\frac{9}{15}=\frac{9}{15}=\frac{3}{5}$$

$$E(X+Y)=0\times\frac{2}{15}+1\times\frac{8}{15}+2\times\frac{5}{15}=\frac{6}{5}$$

$$E(X^2+Y^2)=0\times\frac{2}{15}+1\times\frac{8}{15}+2\times\frac{5}{15}=\frac{6}{5}$$

例 4－14 设 (X,Y) 的概率密度函数为
$$f(x,y)=\begin{cases}(x+y)/3, & 0\leqslant x\leqslant 2, 0\leqslant y\leqslant 1\\ 0, & \text{其他}\end{cases}$$

试求：$E(X), E(Y), E(X+Y), E(X^2+Y^2)$.

解：由定理 4.4，$D: 0\leqslant x\leqslant 2, 0\leqslant y\leqslant 1$，则

$$E(X)=\iint\limits_{D}xf(x,y)\mathrm{d}x\mathrm{d}y=\int_0^2 x\mathrm{d}x\int_0^1\frac{x+y}{3}\mathrm{d}y=\frac{1}{6}\int_0^2 x(2x+1)\mathrm{d}x=\frac{11}{9}$$

$$E(Y)=\iint\limits_{D}yf(x,y)\mathrm{d}x\mathrm{d}y=\int_0^2\mathrm{d}x\int_0^1\frac{xy+y^2}{3}\mathrm{d}y=\frac{1}{18}\int_0^2(3x+2)\mathrm{d}x=\frac{5}{9}$$

$$E(X+Y)=\iint\limits_{D}(x+y)f(x,y)\mathrm{d}x\mathrm{d}y=\int_0^2 x\mathrm{d}x=\frac{11}{9}+\frac{5}{9}=\frac{16}{9}$$

$$E(X^2+Y^2)=\int_0^2 x^2\mathrm{d}x\int_0^1\frac{x+y}{3}\mathrm{d}y+\int_0^2\mathrm{d}x\int_0^1\frac{xy^2+y^3}{3}\mathrm{d}y=\frac{13}{6}$$

四、数学期望的性质

数学期望具有下列性质：

性质 4.1 $\qquad\qquad E(c)=c\ (c\text{ 为常数})\qquad\qquad$ (4.7)

证明略.

性质 4.2 $\qquad\qquad E(cX)=cE(X)\qquad\qquad$ (4.8)

证明：不妨设 X 为连续型随机变量，其密度函数为 $f(x)$，由数学期望的定义有

$$E(cX)=\int_{-\infty}^{+\infty}cxf(x)\mathrm{d}x=c\int_{-\infty}^{+\infty}xf(x)\mathrm{d}x=cE(X)$$

性质 4.3 $E(X+Y)=E(X)+E(Y)\qquad\qquad$ (4.9)

证明：设 (X,Y) 为二维连续型随机变量，联合概率密度为 $f(x,y)$，则

$$E(X+Y)=\int_{-\infty}^{+\infty}\int_{-\infty}^{+\infty}(x+y)f(x,y)\mathrm{d}x\mathrm{d}y$$
$$=\int_{-\infty}^{+\infty}x\mathrm{d}x\int_{-\infty}^{+\infty}f(x,y)\mathrm{d}y+\int_{-\infty}^{+\infty}y\mathrm{d}y\int_{-\infty}^{+\infty}f(x,y)\mathrm{d}x$$
$$=\int_{-\infty}^{+\infty}xf_X(x)\mathrm{d}x+\int_{-\infty}^{+\infty}yf_Y(y)\mathrm{d}y=E(X)+E(Y)$$

性质 4.4 设 X、Y 相互独立，则
$$E(X\cdot Y)=E(X)\cdot E(Y)\qquad\qquad (4.10)$$

证明：设 (X,Y) 为二维连续型随机变量，联合概率密度为 $f(x,y)$，由于 X、Y 相互独立，则
$$f(x,y)=f_X(x)f_Y(y)$$

故

$$E(X\cdot Y)=\int_{-\infty}^{+\infty}\int_{-\infty}^{+\infty}(xy)f(x,y)\mathrm{d}x\mathrm{d}y$$
$$=\int_{-\infty}^{+\infty}\int_{-\infty}^{+\infty}(xy)f_X(x)f_Y(y)\mathrm{d}x\mathrm{d}y$$

$$= \int_{-\infty}^{+\infty} x f_X(x) \mathrm{d}x \int_{-\infty}^{+\infty} y f_Y(y) \mathrm{d}y = E(X) \cdot E(Y)$$

例 4—15 设 $(X,Y) \sim N(a,\sigma_1^2;b,\sigma_2^2;\rho)$，求 $E(2X-3Y+1)$.

解：因为 $(X,Y) \sim N(a,\sigma_1^2;b,\sigma_2^2;\rho)$，所以 $X \sim N(a,\sigma_1^2), Y \sim N(b,\sigma_2^2)$，从而 $E(X)=a, E(Y)=b$. 因此，按数学期望的性质，得

$$E(2X-3Y+1) = 2E(X) - 3E(Y) + 1 = 2a - 3b + 1$$

例 4—16 掷 20 个骰子，求 20 个骰子出现的点数之和的数学期望.

解：设 X_i 为第 i 个骰子出现的点数（$i=1,2,\cdots,20$），那么，20 个骰子点数之和为 X 为

$$X = X_1 + X_2 + \cdots + X_{20}$$

易知，X_i 有相同的分布列 $P(X_i=k) = \dfrac{1}{6}$ ($k=1,2,3,4,5,6$)，所以

$$E(X_i) = \frac{1}{6}(1+2+3+4+5+6) = \frac{21}{6}, i=1,2,\cdots,20$$

于是有

$$E(X) = E(X_1) + E(X_2) + \cdots + E(X_{20}) = 20 \times \frac{21}{6} = 70$$

本例将随机变量 X 分解成若干个随机变量之和，利用随机变量和的期望公式，把 $E(X)$ 的计算转化为求若干个随机变量的期望，使 $E(X)$ 的计算大为简化．这种处理方法具有一定的普遍性．

第二节 方 差

散布特征是随机变量取值在其数学期望近旁或集中程度的数值度量．例如，$(-2,-1,1,2)$ 和 $(-0.02,-0.01,0.01,0.02)$ 两组数据的平均水平都是 0，但是前者的散布程度明显大于后者．在统计质量管理中，对于批量生产的袋装食品，一是控制每袋的平均重量符号设计的规格；二是各袋的重量相关于规格要相对集中，不过于分散．在射击中，要求弹着点的平均位置是射击的目标，同时要求弹着点围绕目标的散布范围要小．数学期望表征平均水平的数字特征，而方差和标准差表征分散程度的最重要和最常用的散布特征．

一、方差的概念

定义 4.3 设 X 为一随机变量，若 $E\{[X-E(X)]^2\}$ 存在，则称 $E\{[X-E(X)]^2\}$ 为 X 的方差，记为 $D(X)$，即

$$D(X) = E\{[X-E(X)]^2\} \tag{4.11}$$

而称 $\sqrt{D(X)}$ 为 X 的标准差（或均方差）．

由定义 4.3 可知，若 X 是离散型随机变量，其分布列为 $P\{X=x_k\}=p_k$ ($i=1,2,\cdots$)，

则
$$D(X) = \sum_{i=1}^{\infty}[(x_i - E(X))^2 p_i]$$

若 X 是连续型随机变量,其密度函数为 $f(x)$,则
$$D(X) = \int_{-\infty}^{+\infty}(x - E(X))^2 f(x)\mathrm{d}x$$

由此可以看出,用方差定义 $D(X) = E\{[X-E(X)]^2\}$ 求方差不太容易,可推导出方差的计算公式,即
$$D(X) = E(X^2) - [E(X)]^2 \tag{4.12}$$

实际上
$$\begin{aligned}D(X) &= E\{[X-E(X)]^2\} = E\{X^2 - 2XE(X) + [E(X)]^2\}\\ &= E(X^2) - 2E(X)E(X) + [E(X)]^2\\ &= E(X^2) - [E(X)]^2\end{aligned}$$

由此公式可知方差等于平方的期望减去期望的平方,所以只要会求数学期望,方差的计算是很容易的.

例 4－17 求二点分布（0－1）的方差.

解：二点分布分布律如下：

X	0	1
p_k	q	p

$0 < p < 1, q = 1-p$

由于 $E(X) = p$. 而
$$E(X^2) = 0^2 \cdot q + 1^2 \cdot p = p$$

所以
$$D(X) = E(X^2) - [E(X)]^2 = p - p^2 = p(1-p) = pq$$

例 4－18 求泊松分布 $X \sim P(\lambda)$（$\lambda > 0$）的方差.

解：由于 X 的分布律为
$$P\{X=k\} = \frac{\lambda^k}{k!}\mathrm{e}^{-\lambda}, k = 0, 1, \cdots, n, \cdots$$

而
$$E(X) = \lambda$$
$$\begin{aligned}E(X^2) &= E[X(X-1) + X] = E(X(X-1)) + E(X)\\ &= \mathrm{e}^{-\lambda}\sum_{k=1}^{\infty}k(k-1)\frac{\lambda^k}{k!} + \lambda = \lambda^2 \mathrm{e}^{-\lambda}\sum_{k=2}^{\infty}\frac{\lambda^{k-2}}{(k-2)!} + \lambda\\ &= \lambda^2 \mathrm{e}^{-\lambda} \cdot \mathrm{e}^{\lambda} + \lambda = \lambda^2 + \lambda\end{aligned}$$

所以

$$D(X) = E(X^2) - [E(X)]^2 = \lambda$$

这说明，泊松分布的参数 λ 就是服从泊松分布的随机变量的方差．因为泊松分布只有一个参数 λ，所以只要知道了它的数学期望和方差就完全确定它的分布了．

例 4－19 一台设备由三大件组成，载设备的运转过程中需要调整的概率分别为 0.10、0.20、0.30，假设各部分相互独立，X 表示需要调整的部件数，试求 X 的分布、$E(X)$、$D(X)$.

解：X 仅可能取 $0,1,2,3$. 设 $A_i = \{$部件 i 需要调整$\}(i=1,2,3)$，$P(A_1) = 0.1$，$P(A_2) = 0.2$，$P(A_3) = 0.3$，由于各部件相互独立，则有

$$P(X=0) = P(\overline{A}_1 \overline{A}_2 \overline{A}_3) = 0.9 \times 0.8 \times 0.7 = 0.504$$

$$P(X=1) = P(A_1 \overline{A}_2 \overline{A}_3 + \overline{A}_1 A_2 \overline{A}_3 + \overline{A}_1 \overline{A}_2 A_3)$$
$$= 0.1 \times 0.8 \times 0.7 + 0.9 \times 0.2 \times 0.7 + 0.9 \times 0.8 \times 0.3 = 0.398$$

$$P(X=2) = P(\overline{A}_1 A_2 A_3 + A_1 \overline{A}_2 A_3 + A_1 A_2 \overline{A}_3)$$
$$= 0.9 \times 0.2 \times 0.3 + 0.1 \times 0.8 \times 0.3 + 0.1 \times 0.2 \times 0.7 = 0.092$$

$$P(X=3) = P(A_1 A_2 A_3) = 0.1 \times 0.2 \times 0.3 = 0.006$$

$$E(X) = 0 \times 0.504 + 1 \times 0.398 + 2 \times 0.092 + 3 \times 0.006 = 0.6$$

$$E(X^2) = 0^2 \times 0.504 + 1^2 \times 0.398 + 2^2 \times 0.092 + 3^2 \times 0.006 = 0.82$$

$$D(X) = 0.82 - 0.6^2 = 0.46$$

例 4－20 求均匀分布 $X \sim U(a,b)$ 的方差．

解：由于 X 的密度函数为

$$f(x) = \begin{cases} \dfrac{1}{b-a}, & a < x < b \\ 0, & \text{其他} \end{cases}$$

由于

$$E(X^2) = \int_{-\infty}^{+\infty} x^2 f(x) \mathrm{d}x = \int_a^b x^2 \frac{1}{b-a} \mathrm{d}x = \frac{a^2 + ab + b^2}{3}$$

而

$$E(X) = \frac{a+b}{2}$$

所以

$$D(X) = E(X^2) - [E(X)]^2$$
$$= \frac{a^2 + ab + b^2}{3} - \left(\frac{a+b}{2}\right)^2 = \frac{(b-a)^2}{12}$$

例 4－21 求指数分布 $X \sim e(\lambda)$（$\lambda > 0$）的方差．

解：由于 X 的密度函数为

$$f(x) = \begin{cases} \lambda e^{-\lambda x} &, x \geqslant 0 \\ 0 &, x < 0 \end{cases}$$

由于

$$E(X^2) = \int_{-\infty}^{+\infty} x^2 f(x) dx = \int_0^{\infty} x^2 \lambda e^{-\lambda x} dx = \frac{2}{\lambda^2}$$

又

$$E(X) = \frac{1}{\lambda}$$

所以

$$D(X) = E(X^2) - [E(X)]^2 = \frac{2}{\lambda^2} - \left(\frac{1}{\lambda}\right)^2 = \frac{1}{\lambda^2}$$

例 4-22 已知随机变量 X 的密度函数为

$$f(x) = \begin{cases} ax^2 + bx + c, & 0 \leqslant x \leqslant 1 \\ 0, & \text{其他} \end{cases}$$

又已知 $E(X)=0.5, D(X)=0.15$,求 a、b、c.

解:$\int_0^1 (ax^2 + bx + c) dx = \frac{a}{3} + \frac{b}{2} + \frac{c}{3} = 1$

$$E(X) = \int_0^1 x(ax^2 + bx + c) dx = \frac{a}{4} + \frac{b}{3} + \frac{c}{2} = 0.5$$

$$E(X^2) = \int_0^1 x^2(ax^2 + bx + c) dx = \frac{a}{5} + \frac{b}{4} + \frac{c}{3}$$

$$= D(X) + [E(X)]^2 = 0.15 + 0.5^2 = 0.4$$

解得 $a=12, b=-12, c=3$.

例 4-23 设 (X,Y) 的概率密度函数为

$$f(x,y) = \begin{cases} 1, & |y| \leqslant x, 0 \leqslant x \leqslant 1 \\ 0, & \text{其他} \end{cases}$$

求 $D(X)$ 及 $D(Y)$.

解:$D: |y| \leqslant x, 0 \leqslant x \leqslant 1$

$$E(X) = \iint_D x f(x,y) dx dy = \int_0^1 x dx \int_{-x}^{x} dy = \int_0^1 2x^2 dx = \frac{2}{3}$$

$$E(Y) = \iint_D y f(x,y) dx dy = \int_0^1 dx \int_{-x}^{x} y dy = 0$$

$$E(X^2) = \iint_D x^2 f(x,y) dx dy = \int_0^1 x^2 dx \int_{-x}^{x} dy = \int_0^1 2x^3 dx = \frac{1}{2}$$

$$E(Y^2) = \iint_D y^2 f(x,y) dx dy = \int_0^1 dx \int_{-x}^{x} y^2 dy = \frac{2}{3} \int_0^1 x^3 dx = \frac{1}{6}$$

$$D(X) = E(X^2) - [E(X)]^2 = \frac{1}{2} - \frac{4}{9} = \frac{1}{18}$$

$$D(Y) = E(Y^2) - [E(Y)]^2 = \frac{1}{6} - 0 = \frac{1}{6}$$

二、方差的性质

性质 4.5 $$D(c)=0 \tag{4.13}$$

性质 4.6 $$D(cX)=c^2 D(X) \tag{4.14}$$

证明：
$$\begin{aligned} D(cX) &= E((cX)^2)-[E(cX)]^2 \\ &= c^2 E(X^2)-c^2[E(X)]^2 \\ &= c^2 D(X) \end{aligned}$$

性质 4.7 若 X、Y 相互独立,则
$$D(X+Y)=D(X)+D(Y) \tag{4.15}$$

证明：
$$\begin{aligned} D(X+Y) &= E((X+Y)^2)-[E(X+Y)]^2 \\ &= E(X^2+2XY+Y^2)-[E(X)]^2-2E(X)E(Y)-[E(Y)]^2 \\ &= E(X^2)-[E(X)]^2+E(Y^2)-[E(Y)]^2 \\ &= D(X)+D(Y) \end{aligned}$$

有性质 4.6 和性质 4.7 可得,若 X、Y 相互独立,有
$$D(X-Y)=D(X)+D(Y)$$

性质 4.8（切比雪夫不等式） 若 X 的方差 $D(X)$ 存在,则对任何 $\varepsilon>0$,有
$$P\{|X-E(X)|\geqslant\varepsilon\}\leqslant\frac{D(X)}{\varepsilon^2} \tag{4.16}$$

证明：不妨设 X 为连续型随机变量,其密度函数为 $f(x)$,则
$$P\{|X-E(X)|\geqslant\varepsilon\}=$$
$$\int_{|x-E(X)|\geqslant\varepsilon}f(x)\mathrm{d}x \leqslant \int_{|x-E(X)|\geqslant\varepsilon}\frac{[x-E(X)]^2}{\varepsilon^2}f(x)\mathrm{d}x$$
$$\leqslant\frac{1}{\varepsilon^2}\int_{-\infty}^{+\infty}[x-E(X)]^2 f(x)\mathrm{d}x = \frac{D(X)}{\varepsilon^2}$$

用切比雪夫不等式可以粗略地估计一些概率,下面举一个例子.

例 4-24 求二项分布 $X\sim B(n,p)$ 的方差.

解：由于 X 的可以表示成 n 个相互独立的服从两点分布的随机变量之和,即
$$X=X_1+X_2+\cdots+X_n$$
其中：$X_i\sim B(1,p)(i=1,2,\cdots,n)$.
由于 $D(X_i)=pq(i=1,2,\cdots,n)$,由方差的性质可得
$$D(X)=D(X_1)+D(X_2)+\cdots+D(X_n)=npq$$

当进行精密测量时,为了减少随机误差,往往是重复测量多次后取其结果的平均值,本例给出了这种做法的一个合理解释.

例 4-25 求正态分布 $X\sim N(\mu,\sigma^2)$ 的方差.

解：由于 X 的密度函数为
$$f(x)=\frac{1}{\sqrt{2\pi}\sigma}\mathrm{e}^{-\frac{(x-\mu)^2}{2\sigma^2}},\ -\infty<x<+\infty$$

先求标准正态分布

$$Z = \frac{X-\mu}{\sigma}$$

的方差，Z 的密度函数为

$$\varphi(x) = \frac{1}{\sqrt{2\pi}} e^{-\frac{x^2}{2}}, -\infty < x < +\infty$$

所以

$$E(Z^2) = \int_{-\infty}^{+\infty} x^2 \varphi(x) dx = \frac{1}{\sqrt{2\pi}} \int_{-\infty}^{+\infty} x^2 e^{-\frac{x^2}{2}} dx$$

$$= \frac{-1}{\sqrt{2\pi}} x e^{-\frac{x^2}{2}} \Big|_{-\infty}^{+\infty} + \frac{1}{\sqrt{2\pi}} \int_{-\infty}^{+\infty} e^{-\frac{x^2}{2}} dx = 1$$

由因为 $E(Z)=0$，所以

$$D(Z) = E(Z^2) - [E(Z)]^2 = 1$$

由于 $X=\mu+\sigma Z$，则

$$D(X) = D(\mu+\sigma Z) = D(\sigma Z) = \sigma^2 D(Z) = \sigma^2$$

可见，正态分布中的另一个参数 σ^2 恰好是相应的正态随机变量的方差．这说明，正态分布的两个参数 μ,σ 分别就是该分布的数学期望和方差．所以正态分布完全可由它的数学期望和方差所确定．

例 4-26 袋中有 n 张卡片，编号为 $1,2,\cdots,n$，从中有放回地抽出 k 张卡片，求所得号码之和的方差．

解：设 X_i 是第 i 次抽得的卡片号码，因为抽样是有放回的，所以 $X_1,X_2,\cdots,X_n$ 相互独立，易知

$$P\{X_i = i\} = \frac{1}{n}, \ i = 1,2,\cdots,n$$

从而

$$D(X_i) = \frac{n^2-1}{12}, \ i = 1,2,\cdots,n$$

按方差的性质，有

$$D(X_1+X_2+\cdots+X_k) = D(X_1) + D(X_2) + \cdots + D(X_k) = \frac{k(n^2-1)}{12}$$

第三节 协方差、相关系数和矩

对于二维随机变量 (X,Y)，除了它的分量 X 与 Y 的数学期望和方差以外，还有一些数字特征，用以刻画 X 与 Y 之间的相关程度，其中最重要的就是本节要讨论的协方差和相关系数．

一、协方差

定义 4.4 设 (X,Y) 为二维随机变量，若 $E[(X-E(x))(Y-E(Y))]$ 存在，则称它

为 X 与 Y 的协方差，记为 $\text{cov}(X,Y)$，即
$$\text{cov}(X,Y) = E[(X-E(X))(Y-E(Y))] \tag{4.17}$$
一般用下面公式来计算协方差：
$$\text{cov}(X,Y) = E[(X-E(X))(Y-E(Y))] = E(XY) - E(X)E(Y) \tag{4.18}$$
因此可以看出，计算协方差就是求数学期望．所以下面重点介绍协方差的性质．

性质 4.10
$$\text{cov}(X,X) = D(X) \tag{4.19}$$
结论是显然的．

性质 4.11
$$\text{cov}(aX,bY) = ab\,\text{cov}(X,Y) \tag{4.20}$$
证明：$\text{cov}(aX,bY) = E(abXY) - E(aX)E(bY)$
$= ab(E(XY) - E(X)E(Y))$
$= ab\,\text{cov}(X,Y)$

性质 4.12 $\text{cov}(X+a,Y+b) = \text{cov}(X,Y)$ (4.21)

证明：$\text{cov}(X+a,Y+b) = E(((X+a)-E(X+a))((Y+b)-E(Y+b)))$
$= E[(X-E(X))(Y-E(Y))]$
$= \text{cov}(X,Y)$

性质 4.13 设 $X_1, X_2, \cdots, X_n$ 与 Y 均为随机变量，则
$$\text{cov}\sum_{i=1}^{n}(X_i,Y) = \sum_{i=1}^{n}\text{cov}(X_i,Y) \tag{4.22}$$
另外，还有如下重要公式：
$$D(aX+bY) = a^2D(X) + b^2D(Y) + 2ab\,\text{cov}(X,Y) \tag{4.23}$$
证明：$D(aX+bY) = \text{cov}(aX+bY, aX+bY)$
$= \text{cov}(aX,aX) + \text{cov}(aX,bY) + \text{cov}(bY,aX) + \text{cov}(bY,bY)$
$= a^2D(X) + b^2D(Y) + 2ab\,\text{cov}(X,Y)$

二、相关系数

定义 4.5 对于二维随机变量 (X,Y)，若 $D(X) \neq 0$，$D(Y) \neq 0$，则称
$$\rho_{XY} = \frac{\text{cov}(X,Y)}{\sqrt{D(X)} \cdot \sqrt{D(Y)}} \tag{4.24}$$
为 X 与 Y 的相关系数．

相关系数是用 X 与 Y 的标准差去除协方差得到的．事实上这是一种规范化，因为相关系数也就是标准化随机变量 $\dfrac{X-E(X)}{\sqrt{D(X)}}$、$\dfrac{Y-E(Y)}{\sqrt{D(Y)}}$ 的协方差．

相关系数作为一个规范化（或标准化）的指标在应用中具有很大优点，为进一步说明这一点，不加证明先给出一个定理：

定理 4.7（柯西—许瓦兹不等式） 对任意两个随机变量 X 与 Y，都有
$$[E(XY)]^2 \leqslant E(X^2)E(Y^2) \tag{4.25}$$
利用柯西—许瓦兹不等式，可以得到相关系数的两个重要性质：

(1) $|\rho_{\xi\eta}| \leqslant 1$; (4.26)

(2) $|\rho_{\xi\eta}| = 1$ 的充要条件是 X 与 Y 以概率 1 线性相关,即存在常数 $a \neq 0$ 和 b,有
$$P\{Y = aX + b\} = 1$$

上述性质表明 X、Y 的相关系数 ρ_{XY} 是 X 和 Y 之间线性相关度量的量. 当 $|\rho_{XY}| = 1$ 时,X 与 Y 依概率 1 线性相关,特别当 $\rho_{XY} = +1$ 时,Y 随 X 的增大而线性增大,此时称 X 与 Y 正线性相关;当 $\rho_{XY} = -1$ 时,Y 随 X 的增大而线性地减小,此时称 X 与 Y 负线性相关. 而当 $|\rho_{XY}| < 1$ 时,X 与 Y 的线性相关程度要减弱. ρ_{XY} 接近于零时,表明 X 与 Y 间的线性关系很差. 如果 $\rho_{XY} = 0$,称 X 与 Y 不相关. 值得注意,这里的不相关,指的是在线性关系的角度上考虑的不相关,即线性无关,并不是没有什么关系.

独立性和不相关性都是随机变量间联系程度的一种反映. 独立性指的是 X、Y 的统计规律之间没有任何联系,不相关性指的是 X、Y 间没有线性相关关系. 直观上很清楚,当 X 与 Y 独立时,X 与 Y 必不相关,但反过来不一定成立.

定义 4.6 设 X 与 Y 为两个随机变量,若 $\rho_{XY} = 0$,则称 X 与 Y 互不相关.

定理 4.5 随机变量 X 与 Y 互不相关等价于以下各条结论中的任何一条:

(1) $\rho_{XY} = 0$;

(2) $\mathrm{cov}(X, Y) = 0$;

(3) $E(XY) = E(X)E(Y)$;

(4) 存在 a、b 不等于零,使
$$D(aX + bY) = a^2 D(X) + b^2 D(Y)$$

当 X 与 Y 互相独立时,有 $E(XY) = E(X)E(Y)$,即 X 与 Y 互相独立可得 X 与 Y 互不相关,但一般来说,由互不相关得不到互相独立.

例 4-28 设 Z 是服从 $[-\pi, \pi]$ 上的均匀分布,又 $X = \sin Z, Y = \cos Z$,试求相关系数 ρ_{XY}.

解:
$$E(X) = \frac{1}{2\pi}\int_{-\pi}^{\pi} \sin z \, dz = 0, \quad E(Y) = \frac{1}{2\pi}\int_{-\pi}^{\pi} \cos z \, dz = 0$$
$$E(X^2) = \frac{1}{2\pi}\int_{-\pi}^{\pi} \sin^2 z \, dz = \frac{1}{2}, \quad E(Y^2) = \int_{-\pi}^{\pi} \cos^2 z \, dz = \frac{1}{2}$$
$$E(XY) = \frac{1}{2\pi}\int_{-\pi}^{\pi} \sin z \cos z \, dz = 0$$

因而 $\rho_{XY} = 0$.

相关系数 $\rho_{XY} = 0$,随机变量 X 与 Y 不相关,但是有 $X^2 + Y^2 = 1$,从而 X 与 Y 不独立.

例 4-29 设 A、B 是随机试验 E 的两个事件,且 $P(A) > 0, P(B) > 0$. 定义随机变量 X 和 Y 分别为

$$X = \begin{cases} 1, & A \text{ 发生} \\ 0, & A \text{ 不发生} \end{cases}$$

$$Y = \begin{cases} 1, & B \text{ 发生} \\ 0, & B \text{ 不发生} \end{cases}$$

证明:若 $\rho_{XY}=0$,则 A 和 B 相互独立.

证明:由题意,有
$$P\{X=1\} = P(A), P\{X=0\} = P(\overline{A})$$
$$P\{Y=1\} = P(B), P\{Y=0\} = P(\overline{B})$$

所以
$$E(X) = P\{X=1\} = P(A), E(Y) = P\{Y=1\} = P(B)$$

若 $\rho_{XY}=0$,则
$$\text{cov}(X,Y) = E(XY) - E(X)E(Y) = 0$$

从而
$$E(XY) = E(X)E(Y) = P(A)P(B)$$

又有
$$\begin{aligned}E(XY) &= 0\times 0\times P\{X=0,Y=0\} + 0\times 1\times P\{X=0,Y=1\}\\ &= 1\times 0\times P\{X=1,Y=0\} + 1\times 1\times P\{X=1,Y=1\}\\ &= P\{X=1,Y=1\} = P(AB)\end{aligned}$$

所以
$$P(AB) = P(A)P(B)$$

故 A 和 B 相互独立.

例 4-30 设二维随机变量 (X,Y) 的概率密度函数为
$$f(x,y) = \begin{cases} 1/\pi, & x^2+y^2 \leqslant 1 \\ 0, & x^2+y^2 > 1 \end{cases}$$

证明:随机变量 X 与 Y 不相关,也不相互独立.

证明:由于 D 关于 x 轴、y 轴对称,有
$$E(X) = \frac{1}{\pi}\iint_D x\,\mathrm{d}x\mathrm{d}y = 0, E(Y) = \frac{1}{\pi}\iint_D y\,\mathrm{d}x\mathrm{d}y = 0, E(XY) = \frac{1}{\pi}\iint_D xy\,\mathrm{d}x\mathrm{d}y = 0$$

因而
$$\text{cov}(X,Y) = 0, \rho_{XY} = 0$$

即 X 与 Y 不相关.

又由于
$$f_X(x) = \begin{cases} \dfrac{2}{\pi}\sqrt{1-x^2}, & |x| \leqslant 1 \\ 0, & |x| \geqslant 1 \end{cases}$$

$$f_Y(y) = \begin{cases} \dfrac{2}{\pi}\sqrt{1-y^2}, & |y| \leqslant 1 \\ 0, & |y| \geqslant 1 \end{cases}$$

显然在 $\{(x,y)\,|\,|x|\leqslant 1,|y|\leqslant 1,x^2+y^2>1\}$ 上,有
$$f(x,y) \equiv 0 \neq f_X(x)f_Y(y)$$

所以 X 与 Y 不相互独立.

例 4—31 设二维随机变量 (X,Y) 的联合密度函数为

$$f(x,y) = \begin{cases} \dfrac{6}{5}(x^2+y), & 0<x<1, 0<y<1 \\ 0, & \text{其他} \end{cases}$$

试求：

(1) $D(2X-3Y+5)$；

(2) 相关系数 ρ_{XY}；

(3) 判断 X 与 Y 是否相互独立.

解：(1)

$$E(X) = \int_0^1\int_0^1 \frac{6}{5}x(x^2+y)\mathrm{d}x\mathrm{d}y = 0.6$$

$$E(Y) = \int_0^1\int_0^1 \frac{6}{5}y(x^2+y)\mathrm{d}x\mathrm{d}y = 0.6$$

$$E(X^2) = \int_0^1\int_0^1 \frac{6}{5}x^2(x^2+y)\mathrm{d}x\mathrm{d}y = 0.44$$

$$E(Y^2) = \int_0^1\int_0^1 \frac{6}{5}y^2(x^2+y)\mathrm{d}x\mathrm{d}y = 0.4333$$

$$E(XY) = \int_0^1\int_0^1 \frac{6}{5}xy(x^2+y)\mathrm{d}x\mathrm{d}y = 0.35$$

$$D(X) = E(X^2) - [E(X)]^2 = 0.44 - 0.6^2 = 0.08$$

$$D(Y) = E(Y^2) - [E(Y)]^2 = 0.4333 - 0.6^2 = 0.0733$$

$$\mathrm{cov}(X,Y) = E(XY) - E(X)E(Y) = 0.35 - 0.6 \times 0.6 = -0.01$$

$$D(2X-3Y+5) = 4D(X) + 9D(Y) - 12\mathrm{cov}(X,Y)$$

$$= 4 \times 0.08 + 9 \times 0.0733 - 12 \times (-0.01) = 1.0997$$

(2) $$\rho_{XY} = \frac{\mathrm{cov}(X,Y)}{\sqrt{D(X)} \cdot \sqrt{D(Y)}} = -0.1306$$

(3) 由于 $\rho_{XY} \neq 0$，所以 X 与 Y 不相互独立.

三、矩

定义：设 X 和 Y 是随机变量，若

$$\mu_k = E(X^k), \quad k=1,2,\cdots \tag{4-27}$$

存在，称它为 X 的 k 阶原点矩，简称 k 阶矩.

若

$$V_k = E[X-E(X)]^k, \quad k=2,3,\cdots \tag{4.28}$$

存在，称它为 X 的 k 阶中的矩.

习 题

1. 设随机变量 X 的分布律为

X	-1	0	4
p	$1/4$	$1/2$	$1/4$

   求 $E(X)$.

2. 一袋中有 5 只球,编号为 1,2,3,4,5;在袋中同时取出 3 只球,以 X 表示取出 3 只球中的最大号码,求 $E(X)$.

3. 设 X 的密度函数为

$$f(x) = \begin{cases} \dfrac{x^2}{a^2} e^{-x^2/2a^2}, & x > 0 \\ 0, & x \leqslant 0 \end{cases} \quad (a \text{ 为正常数})$$

记 $Y = \dfrac{1}{X}$,求 Y 的数学期望 $E(Y)$.

4. 设随机变量 X 与 Y 相互独立,且 $E(X)=1$, $E(Y)=5$,试求 $E(5X-Y+2)$, $E(3XY)$.

5. 设 $X_1 \sim U(-1,3)$, $X_2 \sim N(5,3^2)$, $Y = 3X_1 - 2X_2$,试求 $E(Y)$.

6. 设随机变量 $X \sim N(1,4)$,求 $E(2X-3)$.

7. 如果 (X,Y) 的联合分布律如下:

X \ Y	1	2
1	1/3	1/6
2	1/9	1/18
3	1/6	1/6

   求 $E(X)$, $E(Y)$, $E(XY)$.

8. 随机变量 X 的分布律为

X	0	1	2
p	$1/4$	$1/4$	$1/2$

   求 $D(X)$.

9. 盒子中有 7 个球,其中,4 个白球、3 个黑球,从中任抽 3 个球,求抽到白球数 X 的数学期望 $E(X)$ 和方差 $D(X)$.

10. 设 X_1、X_2、X_3 相互独立且都服从参数 $\lambda = 3$ 的泊松分布,令 $Y = \dfrac{1}{3}(X_1 + X_2 + X_3)$,求数学期望 $E(Y)$ 和方差 $D(Y)$.

11. 一袋中有 n 张卡片,分别记为 $1, 2, \cdots, n$,从中有放回地抽取出 k 张来,以 X 表示所得号码之和,求 $E(X),D(X)$.

12. 已知 $X \sim N(-2, 0.4^2)$,求 $E(X+3)^2$.

13. 已知连续型随机变量 X 的概率密度函数为

$$f(x) = \begin{cases} \dfrac{1}{4}\pi, & 0 \leqslant x \leqslant 2 \\ k - \dfrac{1}{4}x, & 2 < x \leqslant 4 \\ 0, & \text{其他} \end{cases}$$

试求:

(1) 常数 k;

(2) $E(X), D(X)$.

14. 某商店经销商品的利润率 X 的概率密度函数为

$$f(x) = \begin{cases} 2(1-x), & 0 < x < 1 \\ 0, & \text{其他} \end{cases}$$

求 $E(X), D(X)$

15. 设连续型随机变量 X 的概率密度函数

$$f(x) = \begin{cases} 1+x, & -1 \leqslant x < 0 \\ 1-x, & 0 \leqslant x \leqslant 1 \\ 0, & \text{其他} \end{cases}$$

求 $E(X), D(X)$.

16. 设连续型随机变量 X 的概率密度函数为

$$f(x) = \begin{cases} x, & 0 \leqslant x \leqslant 1 \\ 2-x, & 1 < x \leqslant 2 \\ 0, & \text{其他} \end{cases}$$

求 $E(X), D(X)$.

17. 设 $X \sim N(10, 0.6), Y \sim N(1, 2)$,且 X 与 Y 相互独立,求 $D(3X-Y)$.

18. 设 X 的概率密度函数为 $f(x) = \dfrac{1}{\sqrt{\pi}} e^{-x^2}$,求 $D(X)$.

19. 设随机变量 X_1、X_2、X_3 相互独立,其中 X_1 在 $[0,6]$ 上服从均匀分布,X_2 服从正态分布 $N(0, 2^2)$,X_3 服从参数为 $\lambda = 3$ 的泊松分布,记 $Y = X_1 - 2X_2 + 3X_3$. 求 $D(Y)$.

20. 设随机变量 $X \sim B(n, p)$,已知均值 $E(X) = 6$,方差 $D(X) = 3.6$,求 n.

21. 设 $X \sim B(3, 0.5), Y$ 在区间 $[0, 6]$ 上服从均匀分布,已知 X 与 Y 相互独立,求 $D(2X+Y)$.

22. 设二维连续型随机变量 (X, Y) 的联合概率密度函数为

$$f(x,y) = \begin{cases} k, & 0 < x < 1, 0 < y < x \\ 0, & \text{其他} \end{cases}$$

试求:

(1) 常数 k;

(2) $E(XY)$, $D(XY)$.

23. 设随机变量 X、Y 服从正态分布：$X \sim N(1,9)$, $Y \sim N(0,4)$, X, Y 相关系数 $\rho_{XY}=0.5$. 设 $Z=X/3-Y/4$.

(1) 求 $E(Z)$, $D(Z)$；

(2) 求 $\text{cov}(Y,Z)$.

24. 设随机变量 X 的概率密度函数为 $f(x)=\dfrac{1}{2}e^{-|x|}$ $(-\infty<x<+\infty)$. 试求 $E(X)$, $D(X)$.

25. 已知随机变量 X 的数学期望 $E(X)$ 与方差 $D(X)$ 都存在，且 $D(X) \neq 0$, 随机变量 $Y=X-E(X)/\sqrt{D(X)}$. 证明：$E(Y)=0$, $D(Y)=0$.

26. 设 X 的概率密度函数 $f(x)$ 满足 $f(x+c)=f(c-x)$ $(x \in (-\infty, +\infty))$, 其中 c 为常数，又 $\int_{-\infty}^{+\infty}|x|f(x)dx$ 收敛，证明：$E(X)=c$.

27. 设 $D(X)=25$, $D(Y)=36$, $\rho_{xy}=0.4$, 求 $D(X+Y)$.

28. 设 Z 是服从 $[-\pi, \pi]$ 上的均匀分布，又 $X=\sin Z$, $Y=\cos Z$, 证明相关系数 $\rho_{XY}=0$, 且 X 与 Y 不独立.

29. 设随机变量 X 和 Y 的联合分布在点 $(0,1)$, $(1,0)$, $(1,1)$ 为顶点的三角形区域上服从均匀分布，试求随机变量 $U=X+Y$ 的方差.

30. 设二维随机变量 (X,Y) 在 $D: 0 \leqslant y \leqslant x \leqslant 1$ 上均匀分布，试求：

(1) $\text{cov}(X,Y)$；

(2) ρ_{XY}；

(3) X 与 Y 是否相互独立？

31. 设二维随机变量 (X,Y) 的联合密度函数为

$$f(x,y)=\begin{cases} \dfrac{1}{2}, & 0 \leqslant x \leqslant 2, 0 \leqslant y \leqslant x \\ 0, & \text{其他} \end{cases}$$

试求：

(1) $E(X)$, $D(X)$；

(2) ρ_{XY}；

(3) X 与 Y 是否相互独立？

第五章 大数定律和中心极限定理

极限定理是概率论的基本理论,在理论研究和应用中起着重要的作用,其中最重要的就是大数定律与中心极限定理,大数定律是叙述随机变量序列的前一些项的算术平均值在某种条件下收敛到这些项的均值的算术平均值;中心极限定理则是确定在什么条件下,大量随机变量之和的分布逼近于正态分布.

在概率公理化之前,概率被定义为事件出现的频率的极限,这种理论依据就是大数定律,即大数定律奠定了概率论在数学领域的最初地位,同时,大数定律本身具有极大的理论价值;中心极限定理的作用之一,在于它确定了正态分布在概率论的中心地位,同时,其极大的应用价值使得各行各业的工业者手中拥有了一件处理随机变量的工具.

第一节 大 数 定 律

在第一章曾讲过,大量试验证实,当重复试验的次数 n 逐渐增大时,频率 $F_n(A)$ 呈现出稳定性,逐渐稳定于一个常数. 这种"频率稳定性"即通常所说的统计规律性. 频率稳定性是概率定义的客观基础,本节将对频率的稳定性做出理论的说明.

定义 5.1 设 $X_1, X_2, \cdots, X_n, \cdots$ 为相互独立的随机变量,C 为一个常数,如果对任何 $\varepsilon > 0$,都有

$$\lim_{n \to \infty} P\{|X_n - C| > \varepsilon\} = 0 \tag{5.1}$$

则称 $X_1, X_2, \cdots, X_n, \cdots$ 依概率收敛到 C.

定理 5.1(辛钦大数定律) 设 $X_1, X_2, \cdots, X_n, \cdots$ 是相互独立且服从同一分布的随机变量序列,并具有数学期望 $E(X_k) = \mu$ $(k=1,2,\cdots)$,则对任何 $\varepsilon > 0$,有

$$\lim_{n \to \infty} P\left\{\left|\frac{1}{n}\sum_{i=1}^n X_i - \mu\right| < \varepsilon\right\} = 1 \tag{5.2}$$

证明: 只在 $D(X_k) = \sigma^2$ $(k=1,2,\cdots)$ 存在这一条件下证明上述结论. 由于

$$E\left(\frac{1}{n}\sum_{k=1}^n X_k\right) = \frac{1}{n}\sum_{k=1}^n E(X_k) = \frac{1}{n}n\mu = \mu$$

又由独立性,得

$$D\left(\frac{1}{n}\sum_{k=1}^n X_k\right) = \frac{1}{n^2}\sum_{k=1}^n D(X_k) = \frac{1}{n^2}n\sigma^2 = \frac{\sigma^2}{n}$$

由切比雪夫不等式,得

$$1 - \frac{\sigma^2/n}{\varepsilon^2} \leqslant P\left\{\left|\frac{1}{n}\sum_{i=1}^n X_i - \frac{1}{n}\sum_{i=1}^n E(X_i)\right| < \varepsilon\right\} \leqslant 1$$

令 $n \to \infty$,得

$$\lim_{n\to\infty}P\left\{\left|\frac{1}{n}\sum_{i=1}^{n}X_i-\mu\right|<\varepsilon\right\}=1$$

$\left\{\left|\frac{1}{n}\sum_{i=1}^{n}X_i-\mu\right|<\varepsilon\right\}$ 是一个随机事件. 式(5.2)表示,当 $n\to\infty$ 时,这个事件概率趋于 1. 即对于任意正数 ε,当 n 充分大时,不等式 $\left|\frac{1}{n}\sum_{i=1}^{n}X_i-\mu\right|<\varepsilon$ 成立的概率很大. 通俗地讲,辛钦大数定律就是说,对于独立同分布且具有均值 μ 的随机变量 $X_1,X_2,\cdots,X_n$,当 n 很大时,它们的算术平均 $\frac{1}{n}\sum_{i=1}^{n}X_i$ 很可能接近于 μ.

辛钦大数定律为实际生活中经常采用的算术平均值法则提供了理论依据,它断言:如果诸 X_i 是具有数学期望、相互独立、同分布的随机变量,则当 n 充分大时,算术平均值 $\frac{1}{n}\sum_{i=1}^{n}X_i$ 一定以接近 1 的概率落在正值 μ 的任意小的邻域内. 据此,如果要测量一个物体的某指标值 μ,可以独立重复地测量 n 次,得到一组数据: $x_1,x_2,\cdots,x_n$,当 n 充分大时,可以确信 $\mu\approx\frac{x_1+x_2+\cdots+x_n}{n}$,且把 $\frac{x_1+x_2+\cdots+x_n}{n}$ 作为 μ 的近似值比一次测量作为 μ 的近似值要精确得多,因

$$E(X_k)=\mu\;(k=1,2,\cdots),\quad E\left(\frac{1}{n}\sum_{k=1}^{n}X_k\right)=\mu$$

但

$$D(X_k)=\sigma^2\;(k=1,2,\cdots),\quad D\left(\frac{1}{n}\sum_{k=1}^{n}X_k\right)=\frac{\sigma^2}{n}$$

即 $\frac{1}{n}\sum_{i=1}^{n}X_i$ 关于 μ 的偏差程度是一次测量的 $\frac{1}{n}$.

定理 5.2(伯努利大数定律) 设 n_A 为 n 重相互独立重复试验(伯努利试验)中事件 A 发生的次数,p 是事件 A 在每次试验中发生的概率,则对任何正数 $\varepsilon>0$,有

$$\lim_{n\to\infty}P\left\{\left|\frac{n_A}{n}-p\right|\leqslant\varepsilon\right\}=1 \tag{5.3}$$

或 $\left\{\frac{n_A}{n}\right\}_{n=1}^{\infty}$ 依概率收敛到 P.

定理 5.3(切比雪夫大数定律) 设 $X_1,X_2,\cdots,X_n,\cdots$ 是相互独立的随机变量,如果存在常数 $M>0$,使得 $D(X_k)\leqslant M\;(k=1,2,\cdots)$,则对任何 $\varepsilon>0$,有

$$\lim_{n\to\infty}P\left\{\left|\frac{1}{n}\sum_{i=1}^{n}X_i-\frac{1}{n}\sum_{i=1}^{n}E(X_i)\right|>\varepsilon\right\}=0 \tag{5.4}$$

证明:由切比雪夫不等式,得

$$P\left\{\left|\frac{1}{n}\sum_{i=1}^{n}X_i-\frac{1}{n}\sum_{i=1}^{n}E(X_i)\right|>\varepsilon\right\}\leqslant\frac{1}{\varepsilon^2}D\left(\frac{1}{n}\sum_{i=1}^{n}X_i\right)$$
$$=\frac{1}{\varepsilon^2 n^2}\sum_{i=1}^{n}D(X_i)\leqslant\frac{M}{\varepsilon^2 n}$$

所以
$$\lim_{n\to\infty}P\left\{\left|\frac{1}{n}\sum_{i=1}^{n}X_i-\frac{1}{n}\sum_{i=1}^{n}E(X_i)\right|>\varepsilon\right\}=0$$

例 5－1 设随机变量序列 $X_1,X_2,\cdots,X_n,\cdots$ 相互独立,且都在$[-\pi,\pi]$上均匀分布,记 $Y_k=\cos(kX_k),(k=1,2,\cdots)$,证明对任意$\varepsilon>0$,有

$$\lim_{n\to\infty}P\left(\left|\frac{1}{n}\sum_{k=1}^{n}Y_k\right|<\varepsilon\right)=1$$

分析:把这个式子与切比雪夫大数定律比较知,若能证明每个

$$E(Y_k)=0,D(Y_k)\leqslant c,\quad k=1,2,\cdots$$

则命题得证.

证明:因为 $X_k(k=1,2,\cdots)$ 的密度函数为

$$f(x)=\begin{cases}\dfrac{1}{2\pi},&-\pi\leqslant x\leqslant\pi\\0,&\text{其他}\end{cases}$$

于是

$$E(Y_k)=\int_{-\pi}^{+\pi}\frac{1}{2\pi}\cos kx\,\mathrm{d}x=\frac{2}{2k\pi}\sin kx\mid_0^\pi=0$$

$$D(Y_k)=\int_{-\pi}^{\pi}\frac{1}{2\pi}\cos^2 kx\,\mathrm{d}x=\frac{2}{2k\pi}\int_0^\pi\frac{1}{2}(1+\cos 2kx)\mathrm{d}x$$

$$=\frac{1}{2\pi}\left(x+\frac{1}{2k}\sin 2kx\right)\mid_0^\pi=\frac{1}{2}$$

由于 $X_1,X_2,\cdots,X_n,\cdots$ 相互独立,则 $Y_1,Y_2,\cdots,Y_n,\cdots$ 也相互独立,且

$$E(Y_k)=0,\quad D(Y_k)=\frac{1}{2},\quad k=1,2,\cdots$$

满足切比雪夫大数定理的条件,从而有

$$P\left(\left|\frac{1}{n}\sum_{k=1}^{n}Y_k-\frac{1}{n}\sum_{k=1}^{n}E(Y_k)\right|\geqslant\varepsilon\right)\xrightarrow{n\to\infty}0$$

即对任意$\varepsilon>0$,有

$$\lim_{n\to\infty}P\left(\left|\frac{1}{n}\sum_{k=1}^{n}Y_k\right|<\varepsilon\right)=1$$

第二节 中心极限定理

定理 5.4(独立同分布的中心极限定理) 设 $X_1,X_2,\cdots,X_n,\cdots$ 是相互独立且服从同一分布的随机变量序列,并 $E(X_k)=\mu$,$D(X_k)=\sigma^2<+\infty$ ($k=1,2,\cdots$),则对任何 $\varepsilon>0$,有

$$\lim_{n\to\infty}P\left\{\left|\frac{\sum_{i=1}^{n}X_i-n\mu}{\sigma\sqrt{n}}\leqslant x\right|\right\}=\Phi(x)=\frac{1}{\sqrt{2\pi}}\int_{-\infty}^{x}\mathrm{e}^{-\frac{t^2}{2}}\mathrm{d}t \tag{5.5}$$

由于
$$E\left(\sum_{k=1}^{n} X_k\right) = n\mu, \quad D\left(\sum_{k=1}^{n} X_k\right) = n\sigma^2$$

则中心极限定理实质上为随机变量 $\dfrac{\sum\limits_{i=1}^{n} X_i - E\left(\sum\limits_{i=1}^{n} X_i\right)}{\sqrt{D\left(\sum\limits_{i=1}^{n} X_i\right)}}$ 近似服从标准正态分布 $N(0,1)$.

定理 5.4 说明无论 X_i 服从何种分布，只要 $D(X_k) < +\infty$，那么，当 n 较大时，随机变量 $\dfrac{\sum\limits_{i=1}^{n} X_i - n\mu}{\sigma\sqrt{n}}$ 就近似服从标准正态分布 $N(0,1)$. 这个定理的成立确定了服从标准正态分布 $N(0,1)$ 在概率论中的中心地位.

例 5—2 已知红、黄两种番茄杂交的第二代结红果的植株与结黄果的植株的比率为 $3:1$，现种植杂交种 400 株，求结黄果植株介于 83～117 之间的概率.

解：由题意任意一株杂交种或结红果或结黄果，只有两种可能性，且结黄果的概率 $P = \dfrac{1}{4}$；种植杂交种 400 株，相当于做了 400 次伯努利试验.

若记 μ_{400} 为 400 株杂交种结黄果的株数，则 $\mu_{400} \sim B\left(400, \dfrac{1}{4}\right)$.

由于 $n=400$，较大，故由中心极限定理所求的概率为

$$P(83 \leqslant \mu_{400} \leqslant 117) \approx \Phi\left(\dfrac{117 - 400 \times \dfrac{1}{4}}{\sqrt{400 \times \dfrac{1}{4} \times \dfrac{3}{4}}}\right) - \Phi\left(\dfrac{83 - 400 \times \dfrac{1}{4}}{\sqrt{400 \times \dfrac{1}{4} \times \dfrac{3}{4}}}\right)$$

$$= \Phi(1.96) - \Phi(-1.96) = 2\Phi(1.96) - 1 = 0.975 \times 2 - 1 = 0.95$$

故结黄果植株介于 83～117 之间的概率为 0.95.

例 5—3 某公司生产的电子元件合格率为 99.5%. 装箱出售时，(1) 若每箱中装 1000 只，问不合格品在 2 只～6 只之间的概率是多少？(2) 若要以 99% 的概率保证每箱合格品数不少于 1000 只，问每箱至少应该多装几只这种电子元件？

分析：每箱中不合格品显然服从二项分布，可用独立同分布的中心极限定理来解决上述两问题.

解：(1) 显然，这个公司生产的电子元件不合格率为 $1 - 0.995 = 0.005$.

设 X 表示"1000 只电子元件中不合格的只数"，则

$$X \sim B(1000, 0.005)$$

$$P(2 \leqslant X \leqslant 6)$$

$$= \Phi\left(\dfrac{6 - 1000 \times 0.005}{\sqrt{1000 \times 0.005 \times 0.995}}\right) - \Phi\left(\dfrac{2 - 1000 \times 0.005}{\sqrt{1000 \times 0.005 \times 0.995}}\right)$$

$$= \Phi(0.45) - \Phi(-1.34) = 0.6736 - (1 - 0.9099) = 0.5835$$

(2)设每箱中应多装 k 只元件,则不合格品数 $X \sim B(1000+k, 0.005)$.
由题意,应有 $p(X \leqslant k) \geqslant 0.99$. 因而可得

$$P(X \leqslant k) = \Phi\left(\frac{k-(1000+k) \times 0.005}{\sqrt{(1000+k) \times 0.005 \times 0.995}}\right) \geqslant 0.99$$

于是 k 应满足

$$\frac{k-(1000+k) \times 0.005}{\sqrt{(1000+k) \times 0.005 \times 0.995}} \geqslant \mu_{0.99} = 2.326$$

解之,有 $k \geqslant 11$. 这就是说,每箱应多装 11 只电子元件,才能以 99% 以上的概率保证合格品数不低于 1000 只.

例 5-4 设国际原油市场原油的每日价格的变化是均值为 0、方差为 100 的独立同分布的随机变量,且有关系式:$\eta_n = \eta_{n-1} + \xi_n (n \geqslant 1)$. 其中,$\eta_n$ 表示第 n 天的原油的价格;ξ_n 表示第 n 天的原油价格的变化量,其均值为 0、方差为 100. 如果当天的原油价格为 120 美元,求 16 天后原油的价格在 116~124 美元之间的概率($\Phi(0.1) = 0.54$).

解:令 η_0 表示当天的原油的价格,则 $\eta_0 = 120$.

$$\eta_{16} = \eta_{15} + \eta_{16} = \eta_{14} + \eta_{15} + \eta_{16} = \cdots = \eta_0 + \sum_{k=1}^{16} \xi_k = 120 + \sum_{k=1}^{16} \xi_k$$

由中心极限定理得

$$\frac{\sum_{k=1}^{16} \xi_k - E(\sum_{k=1}^{16} \xi_k)}{\sqrt{D(\sum_{k=1}^{16} \xi_k)}} = \frac{\sum_{k=1}^{16} \xi_k}{40}$$

近似服从标准正态分布,则

$$P = (116 < \eta_{16} < 124) = P(116 < 120 + \sum_{k=1}^{16} \xi_k < 124)$$

$$= P\left(\left|\sum_{k=1}^{16} \xi_k\right| < 4\right) = P\left(\frac{1}{40}\left|\sum_{k=1}^{16} \xi_k\right| < \frac{4}{40}\right)$$

$$= 2\Phi(0.1) - 1 = 2 \times 0.54 - 1 = 0.08$$

即 16 天后原油的价格在 116~124 美元之间的概率为 0.08.

习 题

1. 设随机变量 $X_1, X_2, \cdots, X_n, \cdots$ 相互独立同分布,且 $E(X_k) = 0 \ (k=1,2,\cdots)$,求 $\lim_{n \to \infty} P(\sum_{i=1}^{n} X_i < n)$.

2. 设随机变量 $X_1, X_2, \cdots, X_n, \cdots$ 相互独立同分布,且共同密度函数为

$$f(x) = \begin{cases} \dfrac{1+\delta}{x^{2+\delta}}, & x > 1 \\ 0, & x \leqslant 1 \end{cases} \quad (0 < \delta \leqslant 1)$$

试问：$X_k(k=1,2,\cdots)$ 的数学期望是多少?方差是否存在?

3. 某单位内部有 260 架电话分机,每个分机有 4% 的时间要用外线通话. 可以认为各个电话分机用不同外线是相互独立的. 试问:总机需备多少条外线才能以 95% 的把握保证各个分机在使用外线时不必等候?

4. 用一机床制造大小相同的零件,标准重为 1kg,由于随机误差,每个零件重量在 $(0.95, 1.05)$kg 上均匀分布,设每个零件重量相互独立,(1) 制造 1200 个零件,问总重量大于 1202kg 的概率是多少?(2) 最多可以制造多少个零件,可使零件重量误差的绝对值小于 2kg 的概率不小于 0.9?

5. 设 $\xi_i(i=1,2,\cdots,50)$ 是相互独立的随机变量,且它们都服从参数为 $\lambda = 0.03$ 的泊松分布. 记 $\xi = \xi_1 + \xi_2 + \cdots + \xi_{50}$,试用中心极限定理计算 $P(\xi \geq 3)$.

6. 一个加法器同时收到 20 个噪声电压 $V_k(k=1,2,\cdots,20)$. 设它们是相互独立的随机变量,且都在区间 $[0,10]$ 上服从均匀分布. V 为加法器上受到的总噪声电压,求 $P(V > 105)$.

7. 某车间有 200 台车床,在生产时间内由于需要检修、调换刀具、变换位置、调换工作等常需停工,设开工率为 0.6,并设每台车床的工作是独立的且在开工时需电力 1kW. 问应供应该车间多少千瓦电力才能以 99.9% 的概率保证该车间不会因供电不足而影响生产.

第六章 随机样本及抽样分布

前面 5 章研究了概率论的基本内容,从中得知:概率论是研究随机现象统计规律性的一门数学分支.它是从一个数学模型出发(如随机变量的分布)去研究它的性质和统计规律性.而下面将要研究的数理统计,也是研究大量随机现象的统计规律性,并且是应用十分广泛的一门数学分支.所不同的是,数理统计是以概率论为理论基础,利用观测随机现象所得到的数据来选择、构造数学模型(研究随机现象).其研究方法是归纳法(部分到整体).对研究对象的客观规律性做出种种合理性的估计、判断和预测,为决策者和决策行动提供理论依据和建议.数理统计的内容很丰富,这里主要介绍数理统计的基本概念.

第一节 随 机 样 本

一、总体与样本

在数理统计学中,把所研究的全部元素组成的集合称为总体;而把组成总体的每个元素称为个体.

例如,在研究某批灯泡的平均寿命时,该批灯泡的全体就组成了总体,而其中每个灯泡就是个体;在研究在校男大学生的身高和体重的分布情况时,全体男大学生组成了总体,而每个男大学生就是个体.

但对于具体问题,由于我们关心的不是每个个体的种种具体特性,而仅仅是它的某一项或几项数量指标 X(可以是向量)和该数量指标 X 在总体的分布情况.在上述例子中,X 是表示灯泡的寿命或男大学生的身高和体重.在试验中,抽取了若干个个体就观察到了 X 的这样或那样的数值,因而这个数量指标 X 是一个随机变量(或向量),而 X 的分布就完全描写了总体中我们所关心的那个数量指标的分布状况.由于我们关心的正是这个数量指标,因此以后就把总体和数量指标 X 可能取值的全体组成的集合等同起来.

定义 6.1 把研究对象的全体(通常为数量指标 X 可能取值的全体组成的集合)称为总体;总体中的每个元素称为个体.

对总体的研究就是对相应的随机变量 X 的分布的研究,总体的分布也就是数量指标 X 的分布,因此,X 的分布函数和数字特征分别称为总体的分布函数和数字特征.今后将不区分总体与相应的随机变量,笼统称为总体 X. 根据总体中所包括个体的总数,将总体分为有限总体和无限总体.

例 6-1 考察一块试验田中小麦穗的质量:

$X=$所有小麦穗质量的全体(无限总体);个体——每个麦穗质量 x 对应的分布:

$$F(x)=P(X\leqslant x)=\frac{\text{质量}\leqslant x\text{的麦穗数}}{\text{总麦穗数}}=\frac{1}{\sqrt{2\pi}\sigma}\int_{-\infty}^{x}\mathrm{e}^{-\frac{(t-\mu)^2}{2\sigma^2}}\mathrm{d}t$$

$$X\sim N(\mu,\sigma^2)$$

例 6—2 考察一位射手的射击情况：

$X=$ 此射手反复地无限次射下去所有射击结果全体；每次射击结果都是一个个体（对应于靶上的一点）.

个体数量化：

$$x = \begin{cases} 1, \text{射中} \\ 0, \text{未射中} \end{cases}$$

1 在总体中的比例 p 为命中率；0 在总体中的比例 $1-p$ 为非命中率.

总体 X 由无数个 0、1 构成，其分布为两点分布 $B(1,p)$，即

$$P\{X=1\}=p, P\{X=0\}=1-p$$

为了对总体的分布进行各种研究，就必需对总体进行抽样观察. 抽样是从总体中按照一定的规则抽出一部分个体的行动. 一般地，都是从总体中抽取一部分个体进行观察，然后根据观察所得数据来推断总体的性质. 按照一定规则从总体 X 中抽取的一组个体 $X_1, X_2, \cdots, X_n$ 称为总体的一个样本，显然，样本为一随机向量.

为了能更多、更好地得到总体的信息，需要进行多次重复、独立的抽样观察（一般进行 n 次），若对抽样要求：

(1) 代表性：每个个体被抽到的机会一样，保证了 $X_1, X_2, \cdots, X_n$ 的分布相同，与总体一样.

(2) 独立性：$X_1, X_2, \cdots, X_n$ 相互独立，那么符合"代表性"和"独立性"要求的样本 $X_1, X_2, \cdots, X_n$ 称为简单随机样本.

易知，对有限总体而言，有放回的随机样本为简单随机样本，无放回的抽样不能保证 $X_1, X_2, \cdots, X_n$ 的独立性；但对无限总体而言，无放回的随机抽样也得到简单随机样本. 本章主要研究简单随机样本.

对每一次观察都得到一组数据 $(x_1, x_2, \cdots, x_n)$，由于抽样是随机的，所以观察值 $(x_1, x_2, \cdots, x_n)$ 也是随机的. 为此，给出如下定义：

定义 6.2 设总体 X 的分布函数为 $F(x)$，若 $X_1, X_2, \cdots, X_n$ 是具有同一分布函数 $F(x)$ 的相互独立的随机变量，则称 $(X_1, X_2, \cdots, X_n)$ 为从总体 X 中得到的容量为 n 的简单随机样本，简称样本. 把它们的观察值 $(x_1, x_2, \cdots, x_n)$ 称为样本值.

定义 6.3 把样本 $(X_1, X_2, \cdots, X_n)$ 的所有可能取值构成的集合称为样本空间. 显然，一个样本值 $(x_1, x_2, \cdots, x_n)$ 是样本空间的一个点.

注：样本具有双重性，在理论上是随机变量，在具体问题中是数据.

二、样本的分布

设总体 X 的分布函数为 $F(x)$，$X_1, X_2, \cdots, X_n$ 是 X 的一个样本，则其联合分布函数为 $F(x_1, x_2, \cdots, x_n) = \prod_{i=1}^{n} F(x_i)$.

假设总体 X 具有概率密度函数 $f(x)$，则由于样本 $X_1, X_2, \cdots, X_n$ 是相互独立且与 X 同分布，于是样本的联合概率密度函数 $g(x_1, x_2, \cdots, x_n) = \prod_{i=1}^{n} f(x_i)$.

例6—3 假设某大城市居民的收入服从正态分布 $N(\mu,\sigma^2)$,其概率密度函数为

$$f(x) = \frac{1}{\sigma\sqrt{2\pi}}e^{\frac{(x-\mu)^2}{2\sigma^2}}, x \in (-\infty, +\infty)$$

现从中随机抽取一组样本 $X_1, X_2, \cdots, X_n$,因为它们相互独立且都与总体同分布,即 $X_i \sim N(\mu,\sigma^2)$ $(i=1,2,\cdots,n)$.于是样本 $X_1, X_2, \cdots, X_n$ 的联合概率密度函数为

$$g(x_1, x_2, \cdots, x_n) = \frac{1}{\sigma^n\sqrt{(2\pi)^n}}e^{\frac{\sum_{i=1}^{n}(x_i-\mu)^2}{2\sigma^2}}$$

第二节 抽样分布

有了总体和样本的概念,能否直接利用样本来对总体进行推断呢?一般来说是不能的,需要根据研究对象的不同,构造出样本的各种不同函数;然后利用这些函数对总体的性质进行统计推断.为此,首先介绍数理统计的另一重要概念——统计量.

一、统计量

定义6.4 设 $X_1, X_2, \cdots, X_n$ 是来自总体 X 的一个样本,$g(X_1, X_2, \cdots, X_n)$ 是样本的函数,若 g 中不含任何未知参数,则称 $g(X_1, X_2, \cdots, X_n)$ 是一个统计量.

设 $x_1, x_2, \cdots, x_n$ 是对应于样本 $(X_1, X_2, \cdots, X_n)$ 的样本值,则称 $g(x_1, x_2, \cdots, x_n)$ 是 $g(X_1, X_2, \cdots, X_n)$ 的观察值.

下面列出几个常用的统计量.

1. 样本均值与样本方差

定义6.5 设 $X_1, X_2, \cdots, X_n$ 为一组样本,则称 $\overline{X} = \frac{1}{n}\sum_{i=1}^{n}X_i$ 为样本均值.它的基本作用是估计总体分布的均值和对有关总体均值的假设进行检验.

设 $X_1, X_2, \cdots, X_n$ 为一组样本,则称 $S^2 = \frac{1}{n-1}\sum_{i=1}^{n}(X_i - \overline{X})^2$ 为样本方差.它的基本作用是用来估计总体分布的方差 σ^2 和对有关总体分布的均值或方差的假设进行检验.需要特别说明的是,在一些统计著作中,有时把样本方差定义为 $\frac{1}{n}\sum_{i=1}^{n}(X_i - \overline{X})^2$,称为未修正.即样本方差.这种定义的缺点是,它不具有所谓的无偏性.而 S^2 具有无偏性.这一点在后续讨论中将会看到.

往往称 S^2 的平方根 S,即 $S = \sqrt{\frac{1}{n-1}\sum_{i=1}^{n}(X_i - \overline{X})^2}$ 为样本标准差,它的基本作用是用来估计总体分布的标准差 σ.注意,S 与样本具有相同的度量单位,而 S^2 则不然.

2. 样本矩(r.v)

定义6.6 设 $X_1, X_2, \cdots, X_n$ 是来自总体 X 的一个样本,则称

$$A_k = \frac{1}{n}\sum_{i=1}^{n}X_i^k, k = 1, 2, 3, \cdots \tag{6.1}$$

为样本的 k 阶原点矩

$$M_k = \frac{1}{n}\sum_{i=1}^{n}(X_i - \bar{X})^k, k = 1,2,3,\cdots \qquad (6.2)$$

为样本的 k 阶中心矩.

显然,一阶样本原点矩即为样本均值,因此可把样本原点矩理解为样本均值概念的推广;二阶样本中心矩即为未修正样本方差,因此可把样本中心矩理解为未修正样本方差概念的推广.

统计量是对总体的分布函数或数字特征进行统计推断的最重要的基本概念,所以寻求统计量的分布成为数理统计的基本问题之一. 把统计量的分布称为抽样分布. 然而要求出一个统计量的精确分布是十分困难的. 在统计推断中,经常用到统计分布的一类数字特征——分位数. 在即将讨论一些常用的统计分布前,首先给出分位数的一般概念.

例 6—4 $X_1, X_2, \cdots, X_n$ 来自总体 X 服从参数为 P 的 $(0-1)$ 分布的一组样本,求 $E(\bar{X}), D(\bar{X}), E(S^2)$.

解:X 服从参数为 P 的 $(0-1)$ 分布,故 $E(X)=P, D(X)=P(1-P)$,由性质得

$$E(\bar{X}) = \mu = P, \quad D(\bar{X}) = \frac{\delta^2}{n} = \frac{1}{n}P(1-P), \quad E(S^2) = \sigma^2 = P(1-P)$$

性质:设总体 X 的期望为 μ,方差为 δ^2,则

(1) $E(\bar{X}) = E(X) = \mu$;

(2) $D(\bar{X}) = \frac{D(X)}{n} = \frac{\delta^2}{n}$;

(3) $E(S^2) = D(X) = \delta^2$;

(4) $\bar{X}$ 与 S^2 相互独立.

二、分位数

定义 6.7 设随机变量 X 的分布函数为 $F(x)$,对给定的实数 $\alpha(0<\alpha<1)$,如果实数 F_α 满足

$$P\{X > F_\alpha\} = \alpha$$

或

$$F(F_\alpha) = 1 - \alpha \qquad (6.3)$$

则称 F_α 为随机变量 X 的分布的水平 α 的上侧分位数,或直接称为分布函数 $F(x)$ 的水平 α 的上侧分位数.

显然,如果 $F(x)$ 是严格单调增的,那么其水平 α 的上侧分位数为 $F_\alpha = F^{-1}(1-\alpha)$.

当 X 是连续型随机变量时,设其概率密度函数为 $f(x)$,则其水平 α 的上侧分位数 F_α 满足 $\int_{F_\alpha}^{+\infty} f(x)\mathrm{d}x = \alpha$.

如图 6.1 所示,介于密度函数曲线下方,x 轴上方与垂直直线 $x = F_\alpha$ 右方之间的阴影区域的面积恰好等于 α.

例如,标准正态分布 $N(0,1)$ 的水平 α 的上侧分位数通常记作 z_α,则 z_α 满足 $1 - \Phi(z_\alpha) = \alpha$,即 $\Phi(z_\alpha) = 1 - \alpha$.

图 6.2 给出了标准正态分布的水平 α 的上侧分位数的图示.

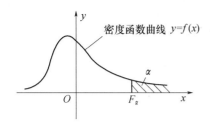 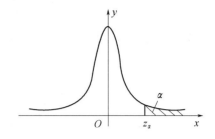

图 6.1 上侧分位数　　　　　图 6.2 标准正态分布的上侧分位数

一般地讲,直接求解分位数是很困难的,对常见的统计分布,在本书附录 2 中给出了分布函数值表或分位数表,通过查表,可以很方便地得到分位数的值. 例如,对给定 α 的,查标准正态分布的分布函数值表,可得到 z_α 的值. 对于像标准正态分布那样的对称分布(概率密度函数为偶函数,关于 y 轴对称),统计学中还用到另一种分位数——双侧分位数.

定义 6.8　设 X 是对称分布的随机变量,其分布函数为 $F(x)$,对给定的实数 α,如果实数 T_α 满足 $p\{|X|>T_\alpha\}=\alpha$,即 $F(T_\alpha)-F(-T_\alpha)=1-\alpha$. 则称实数 T_α 为随机变量 X 的分布的水平 α 的双侧分位数(简称为分位数),或直接称为分布(函数) $F(x)$ 的水平 α 的分位数.

由对称性,可改写为 $F(T_\alpha)=1-\dfrac{\alpha}{2}$

可见,水平 α 的分位数实际等于水平 $\dfrac{\alpha}{2}$ 的上侧分位数,即有 $T_\alpha=F_{\alpha/2}$.

图 6.3 以标准正态分布为例给出了双侧分位数的图示.

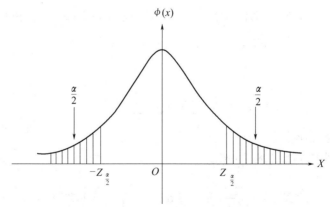

图 6.3 标准正态分布的水平 α 的双侧分位数

下面给出统计三大分布的生成背景. χ^2 分布、t 分布和 F 分布是统计学上的三大分布,它们在统计上有着广泛的应用,在独立性的假设下可以导出这些分布.

三、几种常用的抽样分布(正态分布中的几种统计量的分布)

1. χ^2 分布

定义 6.9　设 $X_1,X_2,\cdots,X_n$ 是 n 个相互独立、同分布的随机变量,其共同分布为标

准正态分布 $N(0,1)$,则随机变量
$$Y = X_1^2 + X_2^2 + \cdots + X_n^2 \tag{6.4}$$
服从自由度为 n 的 χ^2 分布,记为 $\chi^2(n)$. χ^2 分布概率密度函数为
$$k_n(y) = \begin{cases} \dfrac{\left(\dfrac{1}{2}\right)^{-\frac{n}{2}}}{\Gamma(\dfrac{n}{2})} y^{\frac{n}{2}-1} e^{-\frac{y}{2}}, & y > 0 \\ 0, & y \leqslant 0 \end{cases} \tag{6.5}$$

其中,n 称为自由度,是 χ^2 分布中唯一的参数. 由于 χ^2 变量 Y 是 n 个独立变量 X_1,$X_2,\cdots,X_n$ 的平方和,每个变量 X_i 都可以随意取值,可以说它有 n 个变量,故有 n 个自由度.

χ^2 分布具有下面的重要性质:

(1) 可加性 设 $Y_1 \sim \chi^2_{(m)}$,$Y_2 \sim \chi^2_{(n)}$,且两者相互独立,则 $Y_1 + Y_2 \sim \chi^2_{(m+n)}$.

证明:事实上,根据 χ^2 分布的定义,可以把 Y_1 和 Y_2 分别表示为
$$Y_1 = X_1^2 + X_2^2 + \cdots + X_m^2$$
$$Y_2 = Z_1^2 + Z_2^2 + \cdots + Z_n^2$$
其中,$X_1,X_2,\cdots,X_m$ 和 $Z_1,Z_2,\cdots,Z_n$ 都服从 $N(0,1)$,且相互独立,于是
$$Y_1 + Y_2 = X_1^2 + X_2^2 + \cdots + X_m^2 + Z_1^2 + Z_2^2 + \cdots + Z_n^2$$
根据 χ^2 分布的定义,这就证明了 $Y_1 + Y_2 \sim \chi^2_{(m+n)}$.

(2) $E(\chi^2_{(n)}) = n$,$D(\chi^2_{(n)}) = 2n$,即 χ^2 分布的均值等于它的自由度,而方差等于它的自由度的 2 倍.

证明:设 $Y \sim \chi^2_{(n)}$,则 $Y = X_1^2 + X_2^2 + \cdots + X_n^2$,这里 $X_i \sim N(0,1)$ 且相互独立. 因而
$$E(X_i) = 0, D(X_i) = E(X_i^2) = 1$$
故
$$E(Y) = E(\sum_{i=1}^n X_i^2) = \sum_{i=1}^n E(X_i^2) = n$$

这就证明了第一条结论.

另一方面,利用分部积分不难验证
$$E(X_i^4) = \frac{1}{\sqrt{2\pi}} \int_{-\infty}^{\infty} x^4 e^{-\frac{x^2}{2}} dx = 3, (i = 1, 2, \cdots, n)$$

于是
$$D(X_i^2) = E(X_i^4) - (E(X_i^4))^2 = 3 - 1 = 2$$

再利用 $X_1, X_2, \cdots, X_n$ 的独立性,有
$$D(Y) = \sum_{i=1}^n D(X_i^2) = 2n$$

这就证明了第二条结论. 它的图形如图 6.4 所示.

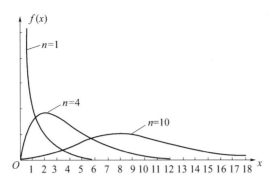

图 6.4 $\chi^2_{(n)}$ 分布的概率密度函数

对于给定的正数 $\alpha(0<\alpha<1)$，称满足条件 $P(\chi^2>\chi^2_\alpha(n))=\int_{\chi^2_\alpha(n)}^{+\infty}k_n(y)\mathrm{d}y=\alpha$ 的数 $\chi^2_\alpha(n)$ 为 χ^2 分布的上 α 分位数，如图 6.5 所示，对不同的 n 和 α，分位数 $\chi^2_\alpha(n)$ 的值有现成的表给出. 例如，$\alpha=0.05$，$n=20$，$\chi^2_{0.05}(20)=31.41$.

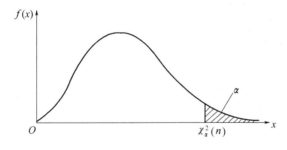

图 6.5 χ^2 分布的分位数

例 6-5 已知 $U\sim\chi^2(15)$，求满足 $P\{U>\lambda_1\}=0.025$ 及 $P\{U>\lambda_2\}=0.05$ 的 λ_1 和 λ_2。

解：$\lambda_1=\chi^2_{0.05}(15)$，查 χ^2 表，由 $n=15$，$\alpha=0.025$，查表得 $\lambda_1=27.488$；$P\{U<\lambda_2\}=1-P\{U\geqslant\lambda_2\}=1-P\{U>\lambda_2\}=0.05$，所以 $P(U>\lambda_2)=0.95$. 查 χ^2 表，得 $\lambda_2=\chi^2_{0.915}(15)=7.261$.

2. t 分布[①]

定义 6.10 设随机变量 $X\sim N(0,1)$，$Y\sim\chi^2_{(n)}$ 且 X 与 Y 相互独立，则随机变量

$$T=\frac{X}{\sqrt{Y/n}} \tag{6.6}$$

---

① t 分布是统计中的一个重要分布，它与 $N(0,1)$ 的微小差别是戈塞特（W. S. Gosset，1876—1937）提出的. 他是英国一家酿酒厂的化学技师，在长期从事试验和数据分析工作中，发现了 t 分布，并在 1908 年以"Student"笔名发表此项结果，故后人又称它为"学生分布". 在当时正态分布一统天下的情况下，戈塞特的 t 分布没有被外界理解和接受，只能在他的酿酒厂中使用，直到 1923 年英国统计学家费西尔（R. A. Fisher，1890—1962）给出分布的严格推导并于 1925 年编制了 t 分布表后，t 分布才得到学术界的承认，并获得迅速的传播、发展和应用.

的分布称为自由度为 n 的 t 分布,记为 $T \sim t(n)$. 自由度为 n 的 t 分布的概率密度函数为

$$p_t(u) = \frac{\Gamma\left(\frac{n+1}{2}\right)}{\Gamma\left(\frac{n}{2}\right)\sqrt{n\pi}}\left(1+\frac{u^2}{n}\right)^{-(n+1)/2}, \quad -\infty < u < \infty \tag{6.7}$$

它只含唯一的参数 n,而 n 正是 χ^2 分布的自由度.

设 $T \sim t_n$,对给定的 $\alpha (0<\alpha<1)$,称满足条件

$$P(T > t_\alpha(n)) = \int_{t(\alpha)}^{+\infty} p_t(u)\mathrm{d}u = \alpha$$

的数 $t_\alpha(n)$ 为 t 分布的上 α 分位数. t 分布的分位数的具体数值可以从 t 分布表中查到,见附表 3.

例 6-6 $T \sim t(10)$,查表求满足下列等式的 λ

(1) $P\{t(10) > \lambda\} = 0.25$;

(2) $P\{t(10) < \lambda\} = 0.25$;

(3) $P\{|t(10)| > \lambda\} = 0.05$.

解:(1) 查 t 分布表,有 $\alpha = 0.25, n = 10, \lambda = t_{0.25}(10) = 0.6988$.

(2) 由 t 分布的对称性,有

$$\lambda = -t_{0.25}(10) = -0.6998$$

(3) $P\{|t(10)| > \lambda\} = P\{t(10) > \lambda\} + P\{t(10) < -\lambda\} = 0.05$,由 t 分布的对称性,有

$$P\{t(10) > \lambda\} = \frac{1}{2} \times 0.05 = 0.025$$

所以 $\lambda = t_{0.025}(10) = 2.2281$.

3. F 分布

定义 6.11 设随机变量 $X \sim \chi^2_{(m)}, Y \sim \chi^2_{(n)}$,且 X 与 Y 相互独立. 则称随机变量

$$F = \frac{X/m}{Y/n} \tag{6.8}$$

为服从自由度为 m 和 n 的 F 分布,记为 $F \sim F(m,n)$. F 分布的概率密度函数为

$$p_F(u) = \frac{\Gamma\left(\frac{n+m}{2}\right)}{\Gamma\left(\frac{n}{2}\right)\Gamma\left(\frac{m}{2}\right)} n^{\frac{n}{2}} m^{\frac{m}{2}} u^{\frac{m}{2}-1}(mu+n)^{-\frac{n+m}{2}}, u > 0 \tag{6.9}$$

这就是自由度为 m 和 n 的 F 分布的概率密度函数,它含有两个参数 m 和 n. F 分布的概率密度函数如图 6.6 所示. 它的数学期望与方差分别为

$$\begin{cases} E(F) = \dfrac{n}{n-2}, n > 2 \\ D(F) = \dfrac{2n^2(n+m-2)}{m(n-2)^2(n-4)}, n > 4 \end{cases} \tag{6.10}$$

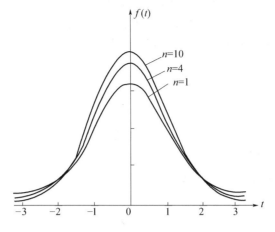

图 6.6 F 分布的概率密度函数

设 $F \sim F(m,n)$,对给定的 $\alpha (0 < \alpha < 1)$,称满足条件:

$$P(F > F_\alpha(m,n)) = \int_{F_\alpha(m,n)}^{+\infty} p_F(u) \mathrm{d}u = \alpha$$

的数 $F_\alpha(m,n)$ 为 F 分布的上 α 分位数.其中 $p_F(u)$ 为 F 分布的概率密度函数.它可以从 F 分布表中查到,见附表 5.

F 分布具有下列重要性质:

(1) 设 $X \sim F(m,n)$. 记 $Y = \dfrac{1}{X}$,则 $Y \sim F(n,m)$.

这个性质可以直接从 F 分布的定义推出.利用这个性质可以得到 F 分布分位数的如下关系:

$$F_{1-\alpha}(m,n) = \frac{1}{F_\alpha(m,n)}$$

证明: 若 $X \sim F(m,n)$,依据分位点的定义

$$1 - \alpha = P(X > F_{1-\alpha}(m,n)) = P\left\{\frac{1}{X} < \frac{1}{F_{1-\alpha}(m,n)}\right\}$$
$$= P\left\{Y < \frac{1}{F_{1-\alpha}(m,n)}\right\} = 1 - P\left\{Y \geqslant \frac{1}{F_{1-\alpha}(m,n)}\right\}$$

等价地,有

$$p\left\{Y > \frac{1}{F_{1-\alpha}(m,n)}\right\} = \alpha$$

因为 $Y \sim F(m,n)$,再根据分位数的定义,知 $\dfrac{1}{F_{1-\alpha}(m,n)}$ 就是 $F_\alpha(n,m)$,即

$$\frac{1}{F_{1-\alpha}(m,n)} = F_\alpha(n,m)$$

在通常 F 分布表中,只对 α 比较小的值,如 α 为 0.1,0.01,0.05,0.025 等列出了分位数. 但有时也需要知道 α 值相对比较大的分位数,它们在 F 分布表中查不到. 这时就可以利用分位数的关系式把它们计算出来. 例如,对 $m=12, n=9, \alpha=0.95$,在 F 分布表中查不到. 但由公式知

$$F_{0.95}(12,9) = \frac{1}{F_{0.05}(9,12)} = \frac{1}{2.80} = 0.357$$

这里,$F_{9,12}(0.05)=2.80$ 是可以从 F 分布表查到的.

证明:设 $X \sim t(n)$,根据定义,X 可以表为

$$X = \frac{Y}{\sqrt{Z/n}}$$

其中,$Y \sim N(0,1)$,$Z \sim \chi^2(n)$ 且相互独立.
于是

$$X^2 = \frac{Y^2}{Z/n}$$

注意到,$Y^2 \sim \chi^2(1)$,依据 F 分布的定义知,$X^2 \sim F(1,n)$.

例 6-7 设 $F \sim F(10,15)$,查表求满足 $P\{F > \lambda_1\} = 0.05$ 及 $P\{F < \lambda_2\} = 0.05$ 的 λ_1 和 λ_2.

解:(1) 查 F 分布表,$\alpha = 0.05$,$n_1 = 10$,$n_2 = 15$,$\lambda_1 = F_{0.05}(10, 15) = 2.54$.

(2) $P\{F < \lambda_2\} = P\left\{\frac{1}{F} > \frac{1}{\lambda}\right\} = 0.05$,$\frac{1}{F} \sim F(15, 10)$. 查 F 分布表,有 $\alpha = 0.05$,$n_1 = 15$,$n_2 = 10$,得

$$\frac{1}{\lambda_2} = F_{0.05}(15, 10) = 2.85$$

故

$$\lambda_2 = \frac{1}{2.85} = 0.3509$$

例 6-8 从正态总体 $N(3.4, 6^2)$ 中抽取容量为 n 的样本,如果要求其样本均值位于区间 (1.4, 5.4) 内概率不小于 0.95,样本的容量 n 至少应取多少?

解:$U = \frac{\overline{X} - \mu}{\delta/\sqrt{n}} \sim N(0,1)$

$$\begin{aligned}
P\{1.4 \overline{X}_n < 5.4\} &= P\{-2 < \overline{X}_n - 3.4 < 2\} \\
&= P\{\overline{X}_n - 3.41 < 2\} \\
&= P\left\{\left|\frac{\overline{X}_n - 3.4}{6/\sqrt{n}}\right| < \frac{2}{\delta/\sqrt{n}}\right\} \\
&= 2\Phi\left(\frac{\sqrt{n}}{3}\right) - 1 \geq 0.95
\end{aligned}$$

$$\frac{\sqrt{n}}{3} \geqslant 1.96$$
$$n > 34.57$$

故 n 至少取 35.

四、正态总体的抽样分布

定理 6.1 设总体 $X \sim N(\mu, \sigma^2)$，$X_1, X_2, \cdots X_n$ 为总体 X 的简单随机样本，$\overline{X} = \sum_{i=1}^{n} X_i/n$，$S^2 = \frac{1}{n-1} \sum_{i=1}^{n}(X_i - \overline{X})^2$，则有：

(1) $\dfrac{\overline{X} - \mu}{\sigma/\sqrt{n}} \sim N(0, 1)$.

(2) $\dfrac{n-1}{\sigma^2} S^2 \sim \chi^2(n-1)$，且 $\overline{X}$ 与 S^2 相互独立.

(3) $\dfrac{\overline{X} - \mu}{S/\sqrt{n}} \sim t(n-1)$.

由结论(1)可知：样本均值 $\overline{X}$ 有很好的性质，它的分布以总体均值 μ 为中心对称，单分散程度是总体的 $\dfrac{1}{n}$，也就是说，如以 $\overline{X}$ 作 μ 的估计，其精度要比用单个样本做估计要高 n 倍；结论(2)表明，在正态总体情形，两个重要的统计量 S^2 与 $\overline{X}$ 时相互独立的；结论(3)表明，对正态总体来说，总体方差的估计 S^2 经过适当的变换后，其分布为 $\chi^2(n-1)$，这样对总体方差的统计推断是重要的.

例 6-9 设 $(X_1, X_2, \cdots, X_7)$ 为来自正态总体 $N(0, 0.5^2)$，求 $P\{\sum_{i=1}^{7} X_i^2 > 4\}$.

解：因为 $\dfrac{1}{\sigma^2} \sum_{i=1}^{n}(X_i - \mu)^2 \sim \chi^2(n)$，所以 $\sum_{i=1}^{7}\left(\dfrac{X_i}{0.5}\right)^2 \sim \chi^2(7)$.

$$P\left\{\sum_{i=1}^{7} X_i^2 > 4\right\} = P\left\{\sum_{i=1}^{7} \frac{X_i^2}{0.5^2} > \frac{4}{0.5^2}\right\} = P\{\chi^2(7) > 16\}$$

反查 χ^2 分布表，得 $\chi^2_{0.025}(7) = 16.013$，故

$$P\{\chi^2(7) > 16\} = 0.025$$

例 6-10 设在总体 $N(M, \delta^2)$ 中抽取一容量为 16 的样本，其中 μ, δ^2 均未知，求 $P\left\{\dfrac{\delta^2}{\sigma^2} \leqslant 20.41\right\}$.

解：$\dfrac{(n-1)S^2}{\delta^2} \sim \chi^2(n-1)$

$$P\left\{\frac{S^2}{\delta^2} \leqslant 2.041\right\} = P\left\{\frac{15 S^2}{\delta^2} \leqslant 2.041 \times 15\right\}$$
$$= P\{\chi^2(15) \leqslant 30.6152\}$$
$$= 1 - P\{\chi^2(15) > 30.6152\}$$
$$= 1 - 0.01 = 0.99$$

习 题

1. 设总体 $X \sim f(x) = \begin{cases} |x|, & |x|<1 \\ 0, & |x| \geqslant 1 \end{cases}$, $X_1, X_2, \cdots, X_{50}$ 为取自该总体的样本, 试求: (1) 样本均值的数学期望和方差; (2) 样本方差的数学期望; (3) 样本均值的绝对值大于 0.02 的概率.

2. 设总体 $X \sim N(\mu, \sigma^2)$, 假如要以 0.9606 的概率保证偏差 $|\overline{X} - \mu| < 0.1$, 试问当 $\sigma = 0.25$ 时样本容量应取多大?

3. 从一个正态总体 $X \sim N(\mu, \sigma^2)$ 中抽取容量为 10 的样本, 且 $P(|\overline{X} - \mu| > 4) = 0.02$, 求 σ.

4. 设在总体 $X \sim N(\mu, \sigma^2)$ 抽取一个容量为 16 的样本, 这里 μ, σ^2 均未知, 求 $P(\dfrac{S^2}{\sigma^2} \leqslant 1.664)$.

5. 设总体 $X \sim N(\mu, 16)$, $X_1, X_2, \cdots, X_{10}$ 为取自该总体的样本, 已知 $P(S^2 > a) = 0.1$, 求常数 a.

6. 设总体 $X \sim N(\mu, \sigma^2)$, $X_1, X_2, \cdots, X_n$ 为取自该总体的样本, 求: (1) $P((\overline{X} - \mu)^2 \leqslant \dfrac{\sigma^2}{n})$; (2) 当样本容量很大时, $P((\overline{X} - \mu)^2 \leqslant \dfrac{2S^2}{n})$; (3) 当样本容量等于 6 时, $P((\overline{X} - \mu)^2 \leqslant \dfrac{2S^2}{3})$.

7. 设 $X_1, X_2, \cdots, X_{10}$ 为取自总体 $X \sim N(0, 0.09)$ 的样本, 求 $P(\sum_{i=1}^{10} X_i^2 > 1.44)$.

8. 设 $X_1, X_2, \cdots, X_9$ 为取自总体 $X \sim N(0, 4)$ 的样本, 求常数 a, b, c 使得 $Q = a(X_1 + X_2)^2 + b(X_3 + X_4 + X_5)^2 + c(X_6 + X_7 + X_8 + X_9)^2$ 服从 χ^2 分布, 并求其自由度.

9. 设随机变量 $X、Y$ 相互独立且都服从标准正态分布, 而 $X_1, X_2, \cdots, X_9$ 和 $Y_1, Y_2, \cdots, Y_9$ 分别是取自总体 $X、Y$ 的相互独立的简单随机样本, 求统计量

$$Z = \dfrac{X_1 + X_2 + \cdots + X_9}{\sqrt{Y_1^2 + Y_2^2 + \cdots + Y_9^2}}$$

的分布, 并指明参数.

10. 设总体 $X \sim N(0, 4)$, 而 $X_1, X_2, \cdots, X_{15}$ 为取自该总体的样本, 求随机变量

$$Y = \dfrac{X_1^2 + X_2^2 + \cdots + X_{10}^2}{2(X_{11}^2 + X_{12}^2 + \cdots + X_{15}^2)}$$

的分布, 并指明参数.

11. 设总体 $X \sim N(0, 1)$, $X_1, X_2, \cdots, X_n$ 为取自该总体的样本, 求

$$V = (\dfrac{n}{5} - 1) \dfrac{\sum_{i=1}^{n} X_i^2}{\sum_{i=6}^{n} X_i^2}, n > 5$$

的分布.

第七章 参数估计

概率理论解决的是某些随机事件发生的可能性的大小问题,而在实际应用中更多地遇到的是根据样本对一些随机事件的估计与判断的问题.

例如,根据某高校男生的身高数据,估计身高服从什么分布? 假设身高服从正态分布,能否估计参数 μ,σ^2 是多少?

再例如,广告中声称某楼盘的得房率为 80%,能否从已经测得的数据中检验开发商是否有欺诈行为呢? 这些问题是概率计算中解决不了的,需要通过统计推断理论来解决.

统计推断主要包含估计问题和假设检验问题两个内容.本章介绍参数估计,这里的参数是指总体分布中的未知参数或者是总体中的某些未知的数字特征,如均值、方差等.参数估计是讨论如何根据样本来对总体分布的未知参数作出估计.参数估计分为参数的点估计与区间估计.

第一节 点 估 计

在实际问题中,常常遇到要对一个未知参数进行估计的情况.例如,想知道某一城市家庭中空调的拥有率,调查了 10000 户,发现有 825 户有空调,则估计这个城市家庭中空调的拥有率为 0.0825.用一个统计数值 0.0825 作为空调拥有率的估计值,这样的估计就是点估计.再举一个例子.

例 7-1 设某种型号的电子元件的寿命 X 服从参数为 θ 的泊松分布(θ 为未知参数,$\theta>0$),抽查了 9 个样品,其寿命分别为 252、108、143、130、168、169、174、198、212,试估计未知参数 θ.

解:由题意知,总体 X 的均值 $E(X)=\theta$,用样本均值 $\overline{X}$ 作为 θ 的估计应该是比较合理的,经计算得样本均值 $\overline{x}=172.7$,于是估计 θ 的值为 172.7.这里,同样用样本均值这一统计数值作为了未知参数 θ 的估计.

下面给出点估计的定义.

本章中假定总体分布为离散型或为连续型,总体指标以 X 表示.设 $X_1,X_2,\cdots,X_n$ 为总体 X 的一个样本,$x_1,x_2,\cdots,x_n$ 为样本的一个观察值,θ 为待估计参数,$\theta\in\Theta$,Θ 为 θ 的取值范围,称为参数空间,尽管 θ 是未知的,但参数空间是已知的.构造一个统计量 $\hat{\theta}(X_1,X_2,\cdots,X_n)$,用它的观测值 $\hat{\theta}(x_1,x_2,\cdots,x_n)$ 作为 θ 的真值的估计,称 $\hat{\theta}(X_1,X_2,\cdots,X_n)$ 为 θ 的估计量.$\hat{\theta}(x_1,x_2,\cdots,x_n)$ 为 θ 的估计值.在不引起混淆的情况下,估计量与估计值统称为 θ 的点估计,简称估计.

本节介绍两种比较常用的求点估计方法,矩估计法和最大似然估计法.

一、矩估计法

1. 矩估计法的思想

矩估计法是英国统计学家 K. Pearson 在 1900 年提出的. 其基本思想是,用同阶的样本矩作为同阶的总体矩的估计;用样本矩的函数作为相应的总体矩的函数的估计. 例如, $E(X)$ 是总体的一阶原点矩,则用样本的一阶原点矩 $\frac{1}{n}\sum_{i=1}^{n}X_i = \overline{X}$ 作为它的估计,即 $\hat{E}(X) = \overline{X}$. 这种求点估计的方法称为矩估计法. 用矩估计法确定的估计量称为矩估计量,相应的估计值称为矩估计值.

2. 矩估计法求矩估计的基本步骤

设总体中含有 k 个未知参数 $\theta_1, \theta_2, \cdots, \theta_k$,$X_1, X_2, \cdots, X_n$ 是样本,假定总体的 k 阶原点矩 μ_k 存在,则对所有的 $j(0 < j < k)$,μ_j 都存在,通常情况下,它们是 $\theta_1, \theta_2, \cdots, \theta_k$ 的函数,得方程组

$$\begin{cases} \mu_1 = E(X) = g_1(\theta_1, \theta_2, \cdots, \theta_k) \\ \mu_2 = E(X^2) = g_2(\theta_1, \theta_2, \cdots, \theta_k) \\ \vdots \\ \mu_k = E(X^k) = g_k(\theta_1, \theta_2, \cdots, \theta_k) \end{cases}$$

解这个方程组得

$$\begin{cases} \theta_1 = f_1(\mu_1, \mu_2, \cdots, \mu_k) \\ \theta_2 = f_2(\mu_1, \mu_2, \cdots, \mu_k) \\ \vdots \\ \theta_k = f_k(\mu_1, \mu_2, \cdots, \mu_k) \end{cases}$$

由于 $\mu_j(j=1,2,\cdots,k)$ 是总体的 j 阶原点矩,由矩估计法的思想,用样本的 j 阶原点矩 $A_j = \frac{1}{n}\sum_{i=1}^{n}X_i^j\,(j=1,2,\cdots,n)$ 作为它的估计,即 $\hat{\mu}_j = \frac{1}{n}\sum_{i=1}^{n}X_i^j\,(j=1,2,\cdots,k)$,代入方程即得

$$\hat{\theta}_j = f_j(A_1, A_2, \cdots, A_k), j = 1, 2, \cdots, k$$

例 7−2 设总体 X 的均值 μ 与方差 σ^2 都存在,且 $\sigma^2 > 0$,μ、σ^2 未知,$X_1, X_2, \cdots, X_n$ 是该总体的一个样本,求总体均值 μ 与方差 σ^2 的矩估计.

解: $\begin{cases} E(X) = \mu \\ E(X^2) = D(X) + E^2(X) = \sigma^2 + \mu^2 \end{cases}$

解得

$$\begin{cases} \mu = E(X) = \mu_1 \\ \sigma^2 = E(X^2) - E^2(X) = \mu_2 - \mu_1^2 \end{cases}$$

而

$$\hat{\mu}_1 = \frac{1}{n}\sum_{i=1}^{n}X_i = \overline{X}, \hat{\mu}_2 = \frac{1}{n}\sum_{i=1}^{n}X_i^2$$

从而得
$$\hat{\mu} = \overline{X}, \hat{\sigma}^2 = \frac{1}{n}\sum_{i=1}^n X_i^2 - \overline{X}^2 = \frac{1}{n}\sum_{i=1}^n (X_i - \overline{X})^2 = \frac{n-1}{n}S^2$$

本题说明,当总体分布未知时,只要相应的总体矩存在,就可进行矩法估计,这也是矩法估计的优点.

例 7－3 设总体 X 服从 (a,b) 上的均匀分布,$X_1, X_2, \cdots, X_n$ 是总体的一个样本,求 a、b 的矩估计.

解:$E(X) = \dfrac{a+b}{2}$,　$D(X) = \dfrac{(b-a)^2}{12}$

从而
$$a = E(X) - \sqrt{3D(X)}, \quad b = E(X) + \sqrt{3D(X)}$$

直接应用例 7－2 的结论可知
$$\hat{a} = \overline{X} - \sqrt{\frac{3}{n}\sum_{i=1}^n (X_i - \overline{X})^2}, \hat{b} = \overline{X} + \sqrt{\frac{3}{n}\sum_{i=1}^n (X_i - \overline{X})^2}$$

即
$$\begin{cases} \hat{a} = \overline{X} - \sqrt{\dfrac{3(n-1)}{n}}S, \\ \hat{b} = \overline{X} + \sqrt{\dfrac{3(n-1)}{n}}S \end{cases}$$

例 7－4 设总体服从指数分布,其概率密度为 $f(x;\lambda) = \begin{cases} \lambda e^{-\lambda x}, & x \geq 0 \\ 0, & x < 0 \end{cases}$,$\lambda > 0$,$X_1, X_2, \cdots, X_n$ 是总体的一个样本,求 λ 的矩估计.

解:只有一个未知参数 λ,由于 $E(X) = \dfrac{1}{\lambda}$,所以 $\lambda = \dfrac{1}{E(X)}$,而 $\widehat{E(X)} = \overline{X}$,所以 λ 的矩估计为 $\hat{\lambda} = 1/\overline{X}$.

另外,由于 $D(X) = \dfrac{1}{\lambda^2}$,从而
$$\lambda = \frac{1}{\sqrt{D(X)}}, \widehat{D(X)} = \frac{1}{n}\sum_{i=1}^n (X_i - \overline{X})^2 = \frac{n-1}{n}S^2$$

则 λ 的矩估计为
$$\hat{\lambda} = \frac{1}{\sqrt{\dfrac{n-1}{n}}S}$$

由此题可以发现,对于同一个未知参数,采用不同阶的矩去估计它,得到的矩估计不唯一,这也是矩法估计的一个缺点.规定尽量用低阶矩去估计参数,一方面计算简单,另一方面估计的效果也比较好.

二、最大似然估计

1821 年德国数学家 C. F. Gauss 首先提出最大似然估计法的概念,英国统计学家

R. A. Fisher 于 1922 年将这一方法进一步发展,使其得到广泛应用. 为了说明最大似然估计法的思想,下面举几个例子.

例 7-5 甲、乙两人去打靶,根据以往的经验,甲打中的概率为 0.1,乙打中的概率为 0.9,现在甲乙各打了一枪,经检查,发现只有一枪中靶,试估计是谁打中的?

由于甲打中的概率只有 0.1,远远低于乙打中的概率 0.9,看起来最有可能打中的是乙,所以估计是乙打中的.

例 7-6 一袋中有红、白球共 20 个,已知其分别是 15 个和 5 个,但不知哪种颜色的球多,为了检验袋中哪种颜色的球多,现从中有放回地摸 3 次球,发现是红、白、红,是否有理由认为袋中有 15 个红球?

为了合理地判断是否是 15 个红球,分别计算袋中有 15 个红球和 5 个红球时得到这种结果的概率. 为了计算方便,设

$$X_i = \begin{cases} 1, & \text{第 } i \text{ 次取到红球} \\ 0, & \text{第 } i \text{ 次取到白球} \end{cases} \quad (i=1,2,3)$$

若袋中有 15 个红球,则

$$P(X_i = 1) = \frac{3}{4}, P(X_i = 0) = \frac{1}{4} \quad (i=1,2,3)$$

$$P(X_1 = 1, X_2 = 0, X_3 = 1) = P(X_1 = 1)P(X_2 = 0)P(X_3 = 1) = \frac{9}{64}$$

若袋中有 5 个红球,同理可求,得到此结果的概率为 $\frac{3}{64}$,由于 $\frac{9}{64} > \frac{3}{64}$,所以认为袋中最有可能是 15 个红球,所以估计袋中有 15 个红球.

事实上,利用此种方法,只要知道摸球的结果,就能得到一个最有可能的结果,得到合理的估计. 这个"最有可能"就是我们所说的最大似然. 这种方法就是最大似然估计法.

更为一般的情况,若总体 X 为离散型,其分布律为 $P(X=x) = p(x;\theta)$,θ 为待估计参数,$X_1, X_2, \cdots, X_n$ 是来自总体 X 的样本,$x_1, x_2, \cdots, x_n$ 是相应于样本的一个样本值,则

$$P(X_1=x_1, X_2=x_2, \cdots, X_n=x_n) = \prod_{i=1}^n P(X_i=x_i) = \prod_{i=1}^n p(x_i;\theta)$$

这一概率值是 θ 的函数,记为

$$L(\theta) = L(x_1, x_2, \cdots, x_n; \theta) = \prod_{i=1}^n p(x_i;\theta)$$

$L(\theta)$ 称为样本的似然函数.

由于 $x_1, x_2, \cdots, x_n$ 是已经出现了的结果,可以看作常数. 当 θ 取不同值时,就能得到不同的概率值 $L(\theta)$,按照最大似然的思想,当然认为使 $L(\theta)$ 取得最大值的 θ 是比较合理的. 于是问题就转化为在 θ 的可能取值范围内,取到使 $L(\theta)$ 得到最大值的 $\hat{\theta}$,作为未知参数 θ 的估计值,即 $L(\hat{\theta}) = \max L(\theta)$.

这样得到的 $\hat{\theta}$ 是 $x_1, x_2, \cdots, x_n$ 的函数,记为 $\hat{\theta}(x_1, x_2, \cdots, x_n)$,$\hat{\theta}(x_1, x_2, \cdots, x_n)$ 称为参数 θ 的最大似然估计值,相应的统计量 $\hat{\theta}(X_1, X_2, \cdots, X_n)$ 称为 θ 的最大似然估计量.

若总体 X 为连续型,其概率密度为 $f(x;\theta)$,θ 为待估计参数,$X_1, X_2, \cdots, X_n$ 是来自总体 X 的样本,$x_1, x_2, \cdots, x_n$ 是相应于样本的一个样本值,则样本的似然函数定义为

$$L(\theta) = L(x_1, x_2, \cdots, x_n; \theta) = \prod_{i=1}^{n} f(x_i; \theta)$$

θ 的最大似然估计值就是使得 $L(\theta)$ 取得最大值的 $\hat{\theta}(x_1, x_2, \cdots, x_n)$，最大似然估计量就是相应的统计量 $\hat{\theta}(X_1, X_2, \cdots, X_n)$.

由此，求最大似然估计值的问题就是求函数 $L(\theta)$ 的最大值问题. 如果 $L(\theta)$ 可微，则可利用 $\dfrac{\mathrm{d}L(\theta)}{\mathrm{d}\theta} = 0$，解出 $\hat{\theta}(x_1, x_2, \cdots, x_n)$. 由于对似然函数直接求导计算比较困难，而 $\ln L(\theta)$ 与 $L(\theta)$ 有相同的最大值点，所以也可利用 $\dfrac{\mathrm{d}\ln L(\theta)}{\mathrm{d}\theta} = 0$，解出 $\hat{\theta}(x_1, x_2, \cdots, x_n)$.

例 7-7 设总体 X 的密度函数 $f(x; \theta) = \begin{cases} \dfrac{x}{\theta^2} \mathrm{e}^{-\frac{x}{\theta}}, & x > 0, \theta > 0 \\ 0, & \text{其他} \end{cases}$

$X_1, X_2, \cdots, X_n$ 为总体 X 的一个样本，求 θ 的最大似然估计量.

解：似然函数为

$$L(\theta) = \prod_{i=1}^{n} f(x_i; \theta) = \prod_{i=1}^{n} \frac{x_i}{\theta^2} \mathrm{e}^{-\frac{x_i}{\theta}} = \theta^{-2n} \mathrm{e}^{-\frac{1}{\theta}\sum_{i=1}^{n} x_i} \prod_{i=1}^{n} x_i$$

取对数得

$$\ln L(\theta) = -2n\ln\theta + \sum_{i=1}^{n} \ln x_i - \frac{1}{\theta}\sum_{i=1}^{n} x_i$$

求导得

$$\frac{\mathrm{d}\ln L(\theta)}{\mathrm{d}\theta} = -\frac{2n}{\theta} + \frac{1}{\theta^2}\sum_{i=1}^{n} x_i$$

令

$$\frac{\mathrm{d}\ln L(\theta)}{\mathrm{d}\theta} = 0$$

解得

$$\hat{\theta} = \frac{1}{2n}\sum_{i=1}^{n} x_i = \frac{\overline{x}}{2}$$

所以 θ 的最大似然估计量为 $\hat{\theta} = \dfrac{\overline{X}}{2}$.

例 7-8 设一个试验有 3 种可能结果，其发生的概率分别为 $p_1 = \theta^2$，$p_2 = 2\theta(1-\theta)$，$p_3 = (1-\theta)^2$，现做了 50 次试验，观测到 3 种结果发生的次数分别为 15、18、17，求 θ 的最大似然估计值.

解：设样本观测值分别为 $x_1, x_2, \cdots, x_{50}$，则似然函数为

$$L(\theta) = \prod_{i=1}^{50} P(X_i = x_i) = (\theta^2)^{15}[2\theta(1-\theta)]^{18}[(1-\theta)^2]^{17}$$

$$= 2^{18}\theta^{48}(1-\theta)^{52}$$

而

$$\ln L(\theta) = 18\ln 2 + 48\ln\theta + 52\ln(1-\theta)$$

对 θ 求导,得

$$\frac{\mathrm{dln}L(\theta)}{\mathrm{d}\theta} = \frac{48}{\theta} - \frac{52}{1-\theta}$$

令

$$\frac{\mathrm{dln}L(\theta)}{\mathrm{d}\theta} = 0$$

即

$$\frac{48}{\theta} - \frac{52}{1-\theta} = 0$$

解之,得 $\hat{\theta}=0.48$.

对数求导法是求最大似然估计的最常用方法,但并不是所有的问题求导都能解决,下面的例子就说明了这一点.

例 7－9 设总体 X 服从 $(0,\theta)$ 上的均匀分布,$X_1,X_2,\cdots,X_n$ 是来自总体的样本,求 θ 的最大似然估计值和最大似然估计量.

解: 设 $x_1,x_2,\cdots,x_n$ 是相应的样本观测值,则 X 的概率密度函数为

$$f(x) = \begin{cases} \dfrac{1}{\theta}, & 0 \leqslant x \leqslant \theta \\ 0, & 其他 \end{cases}$$

似然函数为

$$L(\theta) = \begin{cases} \dfrac{1}{\theta^n}, & 0 \leqslant x_1,x_2,\cdots,x_n \leqslant \theta \\ 0, & 其他 \end{cases}$$

但 $\dfrac{\mathrm{dln}L}{\mathrm{d}\theta} = -\dfrac{n}{\theta} \neq 0$,所以不能用对数求导法求最大似然估计.

记 $x_{(n)}=\max\{x_1,x_2,\cdots,x_n\}$,因 $0 \leqslant x_1,x_2,\cdots,x_n \leqslant \theta$,所以似然函数等价于

$$L(\theta) = \begin{cases} \dfrac{1}{\theta^n}, & 0 \leqslant x_{(n)} \leqslant \theta \\ 0, & 其他 \end{cases}$$

因此 $\theta \geqslant x_{(n)}$,而 $L(\theta)=\dfrac{1}{\theta^n}$,当 $\theta>0$ 时,是减函数,所以只有当 $\theta=x_{(n)}$ 时,$L(\theta)$ 取得最大值. 所以 θ 的最大似然估计值为 $\hat{\theta}=x_{(n)}$,最大似然估计量为 $\hat{\theta}=X_{(n)}$.

需要说明是若有 k 个未知参数 $\theta_1,\theta_2,\cdots,\theta_k$ 待估计,则似然函数为

$$L(\theta_1,\theta_2,\cdots,\theta_k) = \prod_{i=1}^{n} f(x_i;\theta_1,\theta_2,\cdots,\theta_k)$$

取对数,然后求偏导,并令导数为 0,得到

$$\begin{cases} \dfrac{\partial \ln L(\theta_1,\theta_2,\cdots,\theta_k)}{\partial \theta_1} = 0 \\ \cdots\cdots \\ \dfrac{\partial \ln L(\theta_1,\theta_2,\cdots,\theta_k)}{\partial \theta_k} = 0 \end{cases}$$

解这个方程组,得到 $\theta_1, \theta_2, \cdots, \theta_k$ 的最大似然估计.

例 7-10 设总体 X 服从正态分布 $N(\mu, \sigma^2)$,$X_1, X_2, \cdots, X_n$ 是来自总体 X 的样本,求 μ、σ^2 的最大似然估计量.

解:设 $x_1, x_2, \cdots, x_n$ 是相应的样本观测值,则 X 的概率密度函数为

$$f(x;\mu,\sigma^2) = \frac{1}{\sqrt{2\pi}\sigma} e^{-\frac{(x-\mu)^2}{2\sigma^2}}$$

所以似然函数及其对数分别为

$$L(\mu,\sigma^2) = \prod_{i=1}^{n} f(x_i;\mu,\sigma^2) = \prod_{i=1}^{n} \frac{1}{\sqrt{2\pi}\sigma} e^{-\frac{(x_i-\mu)^2}{2\sigma^2}} = (2\pi\sigma^2)^{-\frac{n}{2}} e^{-\frac{1}{2\sigma^2}\sum_{i=1}^{n}(x_i-\mu)^2}$$

$$\ln L(\mu,\sigma^2) = -\frac{1}{2\sigma^2}\sum_{i=1}^{n}(x_i-\mu)^2 - \frac{n}{2}\ln\sigma^2 - \frac{n}{2}\ln(2\pi)$$

对 μ、σ^2 求偏导,并令其为 0,得

$$\begin{cases} \dfrac{\partial \ln L(\mu,\sigma^2)}{\partial \mu} = \dfrac{1}{\sigma^2}\sum_{i=1}^{n}(x_i-\mu) = 0 \\ \dfrac{\partial \ln L(\mu,\sigma^2)}{\partial \sigma^2} = \dfrac{1}{2\sigma^4}\sum_{i=1}^{n}(x_i-\mu)^2 - \dfrac{n}{2\sigma^2} = 0 \end{cases}$$

由第一个方程解出 μ 的最大似然估计量为

$$\hat{\mu} = \frac{1}{n}\sum_{i=1}^{n} X_i = \overline{X}$$

将之代入第二个方程,得出 σ^2 的最大似然估计量为

$$\hat{\sigma}^2 = \frac{1}{n}\sum_{i=1}^{n}(X_i - \overline{X})^2$$

第二节 估计量的评选标准

在参数估计问题中,同一参数用不同的估计方法能得到不尽相同的估计量.如估计某种水稻的单株产量,抽取 n 个样品,取这 n 个样品的平均值可以得出一个估计量;也可以取这 n 个样品的最大值作为单株产量的估计量,显然这种估计并不科学和合理.到底什么样的估计量是最佳的估计量,而最佳的准则又是什么呢?下面从估计量的数学期望及方差这两个数字特征出发,给出无偏性、有效性、相合性等 3 个比较常用的估计量的评选标准.

一、无偏性

定义 7.1 设 $\hat{\theta} = \hat{\theta}(X_1, X_2, \cdots, X_n)$ 是未知参数 θ 的一个估计,θ 的参数空间为 Θ,若对任意 $\theta \in \Theta$,有 $E(\hat{\theta}) = \theta$,则称 $\hat{\theta}$ 是 θ 的无偏估计.称 $E(\hat{\theta}) - \theta$ 为系统误差,有系统误差的估计称为有偏估计.事实上,当使用 $\hat{\theta}$ 估计 θ 时,由于样本的随机性,$\hat{\theta}$ 的估计值与 θ 之间总存在一定的偏差,这个偏差可正、可负,而无偏性则要求这些偏差平均值要为 0.

例 7-11 设总体 X 的方差 σ^2 存在,$X_1, X_2, \cdots, X_n$ 是样本,

证明

$$S^2 = \frac{1}{n-1}\sum_{i=1}^{n}(X_i - \overline{X})^2$$

是总体方差 σ^2 的无偏估计

证明：$S^2 = \frac{1}{n-1}\sum_{i=1}^{n}(X_i - \overline{X})^2 = \frac{1}{n-1}\left[\sum_{i=1}^{n}X_i^2 - n(\overline{X})^2\right]$

$$E(S^2) = E\left\{\frac{1}{n-1}\left[\sum_{i=1}^{n}X_i^2 - n(\overline{X})^2\right]\right\}$$

$$= \frac{1}{n-1}\sum_{i=1}^{n}E(X_i^2) - \frac{n}{n-1}E(\overline{X})^2$$

$$= \frac{1}{n-1}\sum_{i=1}^{n}[D(X_i) + E^2(X_i)] - \frac{n}{n-1}D(\overline{X}) - \frac{n}{n-1}E^2(\overline{X})$$

$$= \frac{1}{n-1}\sum_{i=1}^{n}[D(X) + E^2(X)] - \frac{1}{n-1}D(X) - \frac{n}{n-1}E^2(X)$$

$$= \frac{n}{n-1}D(X) - \frac{1}{n-1}D(X)$$

$$= D(X) = \sigma^2$$

(其中 $E(\overline{X}) = E(X), D(\overline{X}) = \frac{1}{n}D(X)$)

所以 $S^2 = \frac{1}{n-1}\sum_{i=1}^{n}(X_i - \overline{X})^2$ 是总体方差 σ^2 的无偏估计.

可以证明，样本的 k 阶原点矩是总体的 k 阶原点矩的无偏估计.

例 7-12 设 $X_1, X_2, \cdots, X_n$ 是总体 X 的一个样本，$\theta_1 = \overline{X}, \theta_2 = X_2, \theta_3 = \sum_{i=1}^{n}c_i X_i$，其中，$c_i > 0 (i = 1, 2, \cdots, n)$，且 $\sum_{i=1}^{n}c_i = 1$.

证明 $\theta_1, \theta_2, \theta_3$ 是总体均值 μ 的无偏估计.

证明：$E(\theta_1) = E(\overline{X}) = \mu$

$E(\theta_2) = E(X_2) = \mu$

$E(\theta_3) = E(\sum_{i=1}^{n}c_i X_i) = \sum_{i=1}^{n}c_i E(X_i) = E(X)\sum_{i=1}^{n}c_i = \mu$

所以 θ_1、θ_2、θ_3 是总体均值 μ 的无偏估计.

二、有效性

参数的无偏估计有许多，例 7-12 中的 3 个估计都是总体均值的无偏估计，如何在无偏估计中选择？当然希望所选择的估计围绕参数的真实值波动越小越好. 波动性的大小由方差来衡量. 所以在参数的无偏估计的基础上，常用估计的方差大小来作为选择的一个标准，这就是估计的有效性.

定义 7.2 设 $\hat{\theta}_1$ 和 $\hat{\theta}_2$ 是 θ 的两个无偏估计量,若对于任意 $\theta \in \Theta$ 有
$$D(\hat{\theta}_1) \leqslant D(\hat{\theta}_2)$$
且至少存在一个 $\theta \in \Theta$,使得上述不等式严格成立,则称 $\hat{\theta}_1$ 比 $\hat{\theta}_2$ 有效.

例 7-13(续例 7-12) 判断 θ_1、θ_2、θ_3 的有效性?

解: $D(\theta_1) = D(\overline{X}) = \dfrac{\sigma^2}{n}$

$D(\theta_2) = D(X_2) = \sigma^2$

$D(\theta_3) = D(\sum_{i=1}^{n} c_i X_i) = \sum_{i=1}^{n} c_i^2 D(X_i) = D(X) \sum_{i=1}^{n} c_i^2 = \sigma^2 \sum_{i=1}^{n} c_i^2$

由于在 $\sum_{i=1}^{n} c_i = 1$ 条件下, $1 = \sum_{i=1}^{n} c_i \geqslant \sum_{i=1}^{n} c_i^2 \geqslant \dfrac{1}{n}$,所以最有效的估计量是 θ_1,其次是 θ_3,最后是 θ_2.

三、相合性

在参数的估计中,随着样本容量的不断增大,希望估计量的值与参数真值的差越来越小,当样本容量 $n \to \infty$ 时,估计量的值稳定在参数的真值,这就是估计量的相合性.即若对于任意 $\theta \in \Theta$ 都满足 $\forall \varepsilon > 0$,有 $\lim\limits_{n \to \infty} P\{|\hat{\theta} - \theta| < \varepsilon\} = 1$,则称 $\hat{\theta}$ 是 θ 的相合估计量.事实上,当 $\hat{\theta}$ 是 θ 的相合估计量时,$\hat{\theta}$ 是依概率收敛于 θ 的,由第六章的知识知,样本的 $k(k \geqslant 1)$ 阶原点矩是总体 X 的 $k(k \geqslant 1)$ 阶原点矩的相合估计量.故矩估计法得出的是相合估计量.

相合性是对估计量的一个最基本的要求,若估计量不具有相合性,则无论样本容量取多大,$\hat{\theta}$ 作为 θ 的估计量都是不够准确的.

第三节 区间估计

点估计是用一个统计数值作为未知参数的估计,保证了估计的精确性,但却无法保证估计的准确性,也无法知道估计的误差是多少.区间估计就是将一个未知参数估计在一个区间范围内,并且给出这个区间包含未知参数真值的可信程度.这样的区间称为置信区间.

一、置信区间

定义 7.3 设 $X_1, X_2 \cdots, X_n$ 是总体的样本,θ 是总体的一个未知参数,对给定的 α ($0 < \alpha < 1$),若能确定两个统计量 $\underline{\theta} = \underline{\theta}(X_1, X_2 \cdots, X_n)$ 和 $\overline{\theta} = \overline{\theta}(X_1, X_2 \cdots, X_n)$,$\underline{\theta} < \overline{\theta}$,使得对任意 $\theta \in \Theta$ 有

$$P(\underline{\theta} \leqslant \theta \leqslant \overline{\theta}) \geqslant 1 - \alpha \tag{7.1}$$

则称随机区间 $[\underline{\theta}, \overline{\theta}]$ 是 θ 的置信水平为 $1-\alpha$ 的置信区间,$1-\alpha$ 称为置信水平,$\underline{\theta}$ 和 $\overline{\theta}$ 分别称为 θ 的置信水平为 $1-\alpha$ 的置信区间的置信下限和置信上限.

首先,$[\underline{\theta}, \overline{\theta}]$ 是一个随机区间,给定一组样本值就能得到一个具体的数值区间,由于样本值是随机试验得到的,并不固定,所以这个区间也是随机的.其次,当反复抽样时,得

到的区间可能包含 θ 的真值,也可能不包含 θ 的真值. $1-\alpha$ 的含义就是在这样的区间中,包含 θ 的真值的区间至少占 $100(1-\alpha)\%$,是这个区间的可信程度.

二、枢轴量法

构造未知参数 θ 的置信区间的最常用方法是枢轴函数法,其构造方法用下面的例题来说明:

例 7—14 某工厂生产的荧光灯管的使用小时数 $X \sim N(\mu, 25)$,观察 10 支灯管的使用时数,测得样本均值为 502h. 试求荧光灯管的平均寿命 μ 的置信水平为 $1-\alpha$ 的置信区间($\alpha=0.05$).

求置信区间的关键是找到置信下限 $\underline{\theta}$ 和置信上限 $\overline{\theta}$,使 $P(\underline{\theta} \leqslant \mu \leqslant \overline{\theta}) \geqslant 1-\alpha$. 在计算中,只要求出满足 $P(\underline{\theta} \leqslant \mu \leqslant \overline{\theta}) = 1-\alpha$ 的区间 $[\underline{\theta}, \overline{\theta}]$ 即可.

考虑到 $\overline{X}$ 是 μ 的无偏估计,且有

$$\frac{\overline{X} - \mu}{\sigma / \sqrt{n}} \sim N(0,1)$$

则有

$$P\left(-z_{\frac{\alpha}{2}} \leqslant \frac{\overline{X} - \mu}{\sigma / \sqrt{n}} \leqslant z_{\frac{\alpha}{2}}\right) = 1 - \alpha$$

如图 7.1 所示.

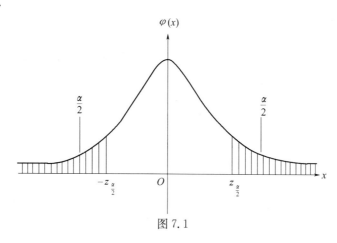

图 7.1

即

$$P\left(\overline{X} - \frac{\sigma}{\sqrt{n}} z_{\frac{\alpha}{2}} \leqslant \mu \leqslant \overline{X} + \frac{\sigma}{\sqrt{n}} z_{\frac{\alpha}{2}}\right) = 1 - \alpha$$

即

$$\left[\overline{X} - \frac{\sigma}{\sqrt{n}} z_{\frac{\alpha}{2}}, \overline{X} + \frac{\sigma}{\sqrt{n}} z_{\frac{\alpha}{2}}\right]$$

是 μ 的置信水平为 $1-\alpha$ 的置信区间.

代入数据 $\overline{x} = 502, \sigma^2 = 25, z_{0.025} = 1.96$,计算得 μ 的置信水平为 0.95 的置信区间为 $[498.9, 505.1]$.

在上面的计算中有如下 3 点需要说明:

(1) $\dfrac{\overline{X}-\mu}{\sigma/\sqrt{n}}$ 服从分布 $N(0,1)$,不依赖任何未知参数.

(2) $\dfrac{\overline{X}-\mu}{\sigma/\sqrt{n}}$ 中只有 μ 是未知的,其他均是已知的,$\dfrac{\overline{X}-\mu}{\sigma/\sqrt{n}}$ 称为枢轴量,求置信区间的关键就是寻找这个枢轴量.

(3) 满足

$$P(c \leqslant \dfrac{\overline{X}-\mu}{\sigma/\sqrt{n}} \leqslant d) = 1-\alpha$$

的区间并不唯一,如

$$P(-z_{\frac{\alpha}{3}} \leqslant \dfrac{\overline{X}-\mu}{\sigma/\sqrt{n}} \leqslant z_{\frac{2\alpha}{3}}) = 1-\alpha$$

即

$$P(\overline{X}-\dfrac{\sigma}{\sqrt{n}}z_{\frac{\alpha}{3}} \leqslant \mu \leqslant \overline{X}+\dfrac{\sigma}{\sqrt{n}}z_{\frac{2\alpha}{3}}) = 1-\alpha$$

得到置信区间为 $\left[\overline{X}-\dfrac{\sigma}{\sqrt{n}}z_{\frac{\alpha}{3}}, \overline{X}+\dfrac{\sigma}{\sqrt{n}}z_{\frac{2\alpha}{3}}\right]$.

比较 $\left[\overline{X}-\dfrac{\sigma}{\sqrt{n}}z_{\frac{\alpha}{2}}, \overline{X}+\dfrac{\sigma}{\sqrt{n}}z_{\frac{\alpha}{2}}\right]$ 和 $\left[\overline{X}-\dfrac{\sigma}{\sqrt{n}}z_{\frac{\alpha}{3}}, \overline{X}+\dfrac{\sigma}{\sqrt{n}}z_{\frac{2\alpha}{3}}\right]$ 给出的区间长度,当 $\alpha=0.05$ 时,$\left[\overline{X}-\dfrac{\sigma}{\sqrt{n}}z_{\frac{\alpha}{2}}, \overline{X}+\dfrac{\sigma}{\sqrt{n}}z_{\frac{\alpha}{2}}\right]$ 的区间长度为

$$2 \times z_{0.025}\dfrac{\sigma}{\sqrt{n}} = 3.92\dfrac{\sigma}{\sqrt{n}}$$

$\left[\overline{X}-\dfrac{\sigma}{\sqrt{n}}z_{\frac{\alpha}{3}}, \overline{X}+\dfrac{\sigma}{\sqrt{n}}z_{\frac{2\alpha}{3}}\right]$ 的区间长度为

$$(z_{\frac{2\alpha}{3}}+z_{\frac{\alpha}{3}})\dfrac{\sigma}{\sqrt{n}} = (2.13+1.84)\dfrac{\sigma}{\sqrt{n}} = 3.97\dfrac{\sigma}{\sqrt{n}}$$

显然 $\left[\overline{X}-\dfrac{\sigma}{\sqrt{n}}z_{\frac{\alpha}{2}}, \overline{X}+\dfrac{\sigma}{\sqrt{n}}z_{\frac{\alpha}{2}}\right]$ 的长度比 $\left[\overline{X}-\dfrac{\sigma}{\sqrt{n}}z_{\frac{\alpha}{3}}, \overline{X}+\dfrac{\sigma}{\sqrt{n}}z_{\frac{2\alpha}{3}}\right]$ 的长度短,区间长度的长短,决定了估计的精确度,在保证准确度的前提下,当然是估计的越精确越好.

一般来说,概率密度图形为单峰对称的,置信区间以对称区间为最短,所以均取对称区间,即 $\left[\overline{X}-\dfrac{\sigma}{\sqrt{n}}z_{\frac{\alpha}{2}}, \overline{X}+\dfrac{\sigma}{\sqrt{n}}z_{\frac{\alpha}{2}}\right]$.

综上所述,求未知参数的置信区间的步骤如下:

(1) 从未知参数 θ 的一个较好的点估计入手,构造一个样本 $X_1, X_2, \cdots, X_n$ 和 θ 的函数 $T=T(X_1, X_2, \cdots, X_n; \theta)$,且 T 的分布完全已知,不依赖于任何未知参数.称这样的函数为枢轴量,这种方法称为枢轴量法.

(2) 对于给定的 $\alpha(0<\alpha<1)$,选择适当的常数 c, d 使得

$$P(c \leqslant T \leqslant d) = 1 - \alpha$$

(3) 如果能将 $c \leqslant T(X_1, X_2, \cdots, X_n) \leqslant d$ 进行等价变形得到不等式为

$$\underline{\theta}(X_1, X_2, \cdots, X_n) \leqslant \theta \leqslant \overline{\theta}(X_1, X_2, \cdots, X_n)$$

则 $[\underline{\theta}, \overline{\theta}]$ 就是 θ 的置信水平为 $1-\alpha$ 的置信区间.

第四节 正态总体参数的区间估计

一、单正态总体参数的区间估计

1. 均值 μ 的区间估计(置信水平 $1-\alpha$)

(1) σ^2 已知. 采用例 7-14 的方法,枢轴量选 $T = \dfrac{\overline{X} - \mu}{\sigma/\sqrt{n}} \sim N(0,1)$,得到 μ 的置信水平为 $1-\alpha$ 的置信区间为 $\left[\overline{X} - \dfrac{\sigma}{\sqrt{n}} z_{\frac{\alpha}{2}}, \overline{X} + \dfrac{\sigma}{\sqrt{n}} z_{\frac{\alpha}{2}}\right]$.

例 7-15 用天平称量某物体 9 次,得样本均值为 15.4g,已知天平称量结果

$$X \sim N(\mu, 0.1^2)$$

求 μ 的置信水平为 0.95 置信区间.

解:本题中由 $\alpha = 0.05$,$z_{0.025} = 1.96$,$\sigma = 0.1$,$n = 9$,可得

$$15.4 \mp 1.96 \times 0.1/\sqrt{9} = 15.4 \mp 0.07$$

所以该物体平均质量 μ 的置信水平为 0.95 置信区间为 $[15.33, 15.47]$.

(2) σ^2 未知. 当 σ^2 未知时,$\dfrac{\overline{X} - \mu}{\sigma/\sqrt{n}}$ 中 σ 是未知的,这时候不能再使用 $\left[\overline{X} - \dfrac{\sigma}{\sqrt{n}} z_{\frac{\alpha}{2}}, \overline{X} + \dfrac{\sigma}{\sqrt{n}} z_{\frac{\alpha}{2}}\right]$ 提供的置信区间. 可考虑另一个样本和 μ 的函数: $\dfrac{\overline{X} - \mu}{S/\sqrt{n}} \sim t(n-1)$,除 μ 之外不含有任何未知参数,且分布是完全已知的,所以枢轴量选 $T = \dfrac{\overline{X} - \mu}{S/\sqrt{n}}$,且 t 分布的概率密度是单峰对称图形,如图 7.2 所示.

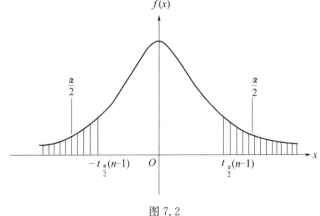

图 7.2

$$P(-t_{\frac{\alpha}{2}}(n-1) \leqslant \frac{\overline{X}-\mu}{S/\sqrt{n}} \leqslant t_{\frac{\alpha}{2}}(n-1)) = 1-\alpha$$

由此得到 μ 的置信水平为 $1-\alpha$ 的置信区间为 $\left[\overline{X}-\frac{S}{\sqrt{n}}t_{\frac{\alpha}{2}}(n-1), \overline{X}+\frac{S}{\sqrt{n}}t_{\frac{\alpha}{2}}(n-1)\right]$.

例 7-16 某厂生产一批金属材料,其抗弯强度服从正态分布,今从这批金属材料中抽取 11 个测试件,测得其抗弯强度(单位:kg)为

42.5、42.7、43.0、42.3、43.4、44.5、44.0、43.8、44.1、43.0、43.7

试求平均抗弯强度 μ 的置信水平为 0.90、0.95 置信区间.

解: 本题中,σ^2 未知,所以采用 $\left[\overline{X}-\frac{S}{\sqrt{n}}t_{\frac{\alpha}{2}}(n-1), \overline{X}+\frac{S}{\sqrt{n}}t_{\frac{\alpha}{2}}(n-1)\right]$,经计算:$\overline{x}=43.4, s=0.72$. 查表得:$t_{0.05}(10)=1.81$,$t_{0.025}(10)=2.23$. 将数据代入 $\left[\overline{X}-\frac{S}{\sqrt{n}}t_{\frac{\alpha}{2}}(n-1), \overline{X}+\frac{S}{\sqrt{n}}t_{\frac{\alpha}{2}}(n-1)\right]$,得

(1) $43.4-\frac{0.72}{\sqrt{11}}\times 1.81=43.4-0.39=43.01$

$43.4+\frac{0.72}{\sqrt{11}}\times 1.81=43.4+0.39=43.79$

所以平均抗弯强度 μ 的置信水平为 0.90 置信区为 [43.01,43.79].

(2) $43.4-\frac{0.72}{\sqrt{11}}\times 2.23=43.4-0.48=42.92$

$43.4+\frac{0.72}{\sqrt{11}}\times 2.23=43.4+0.48=43.88$

所以平均抗弯强度 μ 的置信水平为 0.95,置信区为 [42.92,43.88]

由这两个结果可以发现,置信水平高的区间要比置信水平低的区间长,即当要提高估计的可信度时,就必须增加区间长度,相应的精确度就要降低.

2. 方差 σ^2 的区间估计(置信水平 $1-\alpha$)

原则上,方差 σ^2 的区间估计也可分为 μ 已知和 μ 未知两种情况,但在现实中,μ 已知但 σ^2 未知的情况极少,所以只讨论 μ 未知时 σ^2 的区间估计.

考虑到 S^2 是 σ^2 的无偏估计,从 S^2 入手构造枢轴量,由第六章抽样分布定理可知

$$\frac{(n-1)S^2}{\sigma^2} \sim \chi^2(n-1)$$

所以枢轴量为

$$T = \frac{(n-1)S^2}{\sigma^2}$$

又

$$P(\chi^2_{1-\frac{\alpha}{2}}(n-1) \leqslant \frac{(n-1)S^2}{\sigma^2} \leqslant \chi^2_{\frac{\alpha}{2}}(n-1)) = 1-\alpha$$

如图 7.3 所示.

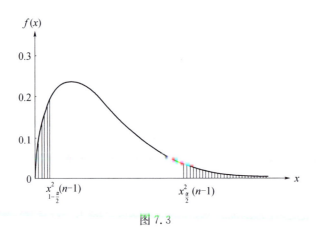

图 7.3

从中得出

$$P\left(\frac{(n-1)S^2}{\chi^2_{\frac{\alpha}{2}}(n-1)} \leqslant \sigma^2 \leqslant \frac{(n-1)S^2}{\chi^2_{1-\frac{\alpha}{2}}(n-1)}\right) = 1-\alpha$$

从而得到方差 σ^2 的置信水平为 $1-\alpha$ 的置信区间为 $\left[\dfrac{(n-1)S^2}{\chi^2_{\frac{\alpha}{2}}(n-1)}, \dfrac{(n-1)S^2}{\chi^2_{1-\frac{\alpha}{2}}(n-1)}\right]$.

标准差 σ 的置信水平为 $1-\alpha$ 的置信区间为 $\left[\sqrt{\dfrac{(n-1)S^2}{\chi^2_{\frac{\alpha}{2}}(n-1)}}, \sqrt{\dfrac{(n-1)S^2}{\chi^2_{1-\frac{\alpha}{2}}(n-1)}}\right]$.

需要说明的是:对于概率密度图形不是单峰对称图形的,习惯上仍选取对称的分位数,如 $\chi^2_{\frac{\alpha}{2}}(n-1)$,$\chi^2_{1-\frac{\alpha}{2}}(n-1)$ 来确定置信区间.

例 7-17 在一批机制砖中随机抽测 6 块,测得抗断强度均值为 31.14kg/cm^2,样本标准差为 1.1kg/cm^2,若砖的抗断强度 $X \sim N(\mu, \sigma^2)$,μ 未知,求标准差 σ 的置信水平为 0.95 的置信区间.

解: σ 的一个置信水平为 $1-\alpha$ 的置信区间为 $\left[\sqrt{\dfrac{(n-1)S^2}{\chi^2_{\frac{\alpha}{2}}(n-1)}}, \sqrt{\dfrac{(n-1)S^2}{\chi^2_{1-\frac{\alpha}{2}}(n-1)}}\right]$. 由题意:$n=6, s^2=1.1^2=1.21$. 查表:$\chi^2_{0.025}(5)=12.833, \chi^2_{0.975}(5)=0.831$. 代入公式得置信下限为 $\sqrt{\dfrac{5 \times 1.21}{12.833}}=0.69$,置信上限为 $\sqrt{\dfrac{5 \times 1.21}{0.831}}=2.70$,所以 σ 的置信水平为 0.95 的置信区间为 $[0.69, 2.70]$.

二、双正态总体参数的区间估计*

实际问题中,经常需要考察两个正态总体的均值和方差之间的关系,下面就对两个正态总体的均值差和方差比的估计问题加以讨论.

设 $X_1, X_2, \cdots, X_{n_1}$ 是来自总体 X 的样本,$Y_1, Y_2, \cdots, Y_{n_2}$ 是来自总体 Y 的样本,其中 $X \sim N(\mu_1, \sigma_1^2)$,$Y \sim N(\mu_2, \sigma_2^2)$,且两样本相互独立,记它们的样本均值分别为 $\overline{X}$、$\overline{Y}$,样本方差分别为 S_1^2、S_2^2,置信水平为 $1-\alpha$.

1. $\mu_1 - \mu_2$ 的区间估计

(1) σ_1^2、σ_2^2 已知. 由于 $\overline{X}$ 是 μ_1 的无偏估计,$\overline{Y}$ 是 μ_2 的无偏估计,有 $\overline{X} \sim N\left(\mu_1, \dfrac{\sigma_1^2}{n_1}\right)$,$\overline{Y} \sim$

$N(\mu_2, \frac{\sigma_2^2}{n_2})$，且 $\overline{X}$ 与 $\overline{Y}$ 相互独立，所以

$$\overline{X} - \overline{Y} \sim N(\mu_1 - \mu_2, \frac{\sigma_1^2}{n_1} + \frac{\sigma_2^2}{n_2})$$

$$\Rightarrow \frac{(\overline{X} - \overline{Y}) - (\mu_1 - \mu_2)}{\sqrt{\frac{\sigma_1^2}{n_1} + \frac{\sigma_2^2}{n_2}}} \sim N(0,1)$$

所以枢轴量为

$$Z = \frac{(\overline{X} - \overline{Y}) - (\mu_1 - \mu_2)}{\sqrt{\frac{\sigma_1^2}{n_1} + \frac{\sigma_2^2}{n_2}}}$$

由

$$P\left(-z_{\frac{\alpha}{2}} \leqslant \frac{(\overline{X} - \overline{Y}) - (\mu_1 - \mu_2)}{\sqrt{\frac{\sigma_1^2}{n_1} + \frac{\sigma_2^2}{n_2}}} \leqslant z_{\frac{\alpha}{2}}\right) = 1 - \alpha$$

从中得出

$$P\left(\overline{X} - \overline{Y} - z_{\frac{\alpha}{2}}\sqrt{\frac{\sigma_1^2}{n_1} + \frac{\sigma_2^2}{n_2}} \leqslant \mu_1 - \mu_2 \leqslant \overline{X} - \overline{Y} + z_{\frac{\alpha}{2}}\sqrt{\frac{\sigma_1^2}{n_1} + \frac{\sigma_2^2}{n_2}}\right) = 1 - \alpha$$

从而得到 $\mu_1 - \mu_2$ 的置信水平为 $1 - \alpha$ 的置信区间为 $\left[\overline{X} - \overline{Y} - z_{\frac{\alpha}{2}}\sqrt{\frac{\sigma_1^2}{n_1} + \frac{\sigma_2^2}{n_2}}, \overline{X} - \overline{Y} + z_{\frac{\alpha}{2}}\sqrt{\frac{\sigma_1^2}{n_1} + \frac{\sigma_2^2}{n_2}}\right]$.

（2）$\sigma_1^2 = \sigma_2^2 = \sigma^2$，但 σ 未知. 由于 σ_1^2、σ_2^2 未知，所以置信区间 $\left[\overline{X} - \overline{Y} - z_{\frac{\alpha}{2}}\sqrt{\frac{\sigma_1^2}{n_1} + \frac{\sigma_2^2}{n_2}}, \overline{X} - \overline{Y} + z_{\frac{\alpha}{2}}\sqrt{\frac{\sigma_1^2}{n_1} + \frac{\sigma_2^2}{n_2}}\right]$ 不再适用，由抽样分布定理可知

$$\frac{(\overline{X} - \overline{Y}) - (\mu_1 - \mu_2)}{S_\omega \sqrt{\frac{1}{n_1} + \frac{1}{n_2}}} \sim t(n_1 + n_2 - 2)$$

其中

$$S_\omega^2 = \frac{(n_1 - 1)S_1^2 + (n_2 - 1)S_2^2}{n_1 + n_2 - 2}$$

所以枢轴量为

$$T = \frac{(\overline{X} - \overline{Y}) - (\mu_1 - \mu_2)}{S_\omega \sqrt{\frac{1}{n_1} + \frac{1}{n_2}}}$$

由

$$P\left(-t_{\frac{\alpha}{2}}(n_1 + n_2 - 2) \leqslant \frac{(\overline{X} - \overline{Y}) - (\mu_1 - \mu_2)}{S_\omega \sqrt{\frac{1}{n_1} + \frac{1}{n_2}}} \leqslant t_{\frac{\alpha}{2}}(n_1 + n_2 - 2)\right) = 1 - \alpha$$

从中得出

$$P\left(\overline{X}-\overline{Y}-t_{\frac{\alpha}{2}}(n_1+n_2-2)S_\omega\sqrt{\frac{1}{n_1}+\frac{1}{n_2}} \leqslant \mu_1-\mu_2 \right.$$
$$\left.\leqslant \overline{X}-\overline{Y}+t_{\frac{\alpha}{2}}(n_1+n_2-2)S_\omega\sqrt{\frac{1}{n_1}+\frac{1}{n_2}}\right)=1-\alpha$$

从而得到 $\mu_1-\mu_2$ 的置信水平为 $1-\alpha$ 的置信区间为 $\left[\overline{X}-\overline{Y}-t_{\frac{\alpha}{2}}(n_1+n_2-2)S_\omega\sqrt{\frac{1}{n_1}+\frac{1}{n_2}},\right.$
$\left.\overline{X}-\overline{Y}+t_{\frac{\alpha}{2}}(n_1+n_2-2)S_\omega\sqrt{\frac{1}{n_1}+\frac{1}{n_2}}\right]$

例 7-18 为比较两个小麦品种的产量，选择 18 块条件相似的试验田，采用相同的耕作方法做试验，结果播种 1 号品种的 8 块试验田的单位面积产量和播种 2 号品种的 10 块试验田的单位面积产量(kg)分别为：

1 号　612　583　530　523　554　615　628　510
2 号　433　470　498　426　480　535　398　560　503　567

假设每个品种的单位面积产量均服从正态分布，且除种子之外，其他条件基本相同，可以认为这两个总体的方差相同，求这两个品种平均单位面积产量差的 0.95 置信区间.

解： 设 1 号品种的单位面积产量为 X，$X\sim N(\mu_1,\sigma^2)$，设 2 号品种的单位面积产量为 Y，$Y\sim N(\mu_2,\sigma^2)$，但 σ^2 未知，所以两个品种平均单位面积产量差 $\mu_1-\mu_2$ 为 $1-\alpha$ 的置信区间为

$$\left[\overline{X}-\overline{Y}-t_{\frac{\alpha}{2}}(n_1+n_2-2)S_\omega\sqrt{\frac{1}{n_1}+\frac{1}{n_2}},\overline{X}-\overline{Y}+t_{\frac{\alpha}{2}}(n_1+n_2-2)S_\omega\sqrt{\frac{1}{n_1}+\frac{1}{n_2}}\right]$$

经计算得

$$\overline{X}=569.38, S_1^2=2140.55, n_1=8$$
$$\overline{Y}=487.00, S_2^2=3256.22, n_2=10$$
$$S_\omega^2=\frac{(n_1-1)S_1^2+(n_2-1)S_2^2}{n_1+n_2-2}=\frac{7\times 2140.55+9\times 3256.22}{16}=2768.11$$
$$S_\omega=52.61$$

$\alpha=0.05$，$t_{0.025}(16)=2.1199$，将上述数据代入公式，得 $\mu_1-\mu_2$ 为 0.95 的置信区间为 $[29.48,135.28]$.

2. $\dfrac{\sigma_1^2}{\sigma_2^2}$ 的区间估计

下面仅讨论 μ_1、μ_2 未知时 $\dfrac{\sigma_1^2}{\sigma_2^2}$ 的区间估计. S_1^2 是 σ_1^2 的无偏估计，S_2^2 是 σ_2^2 的无偏估计，而 $\dfrac{S_1^2/\sigma_1^2}{S_2^2/\sigma_2^2}\sim F(n_1-1,n_2-1)$，所以枢轴量为

$$F=\frac{S_1^2/\sigma_1^2}{S_2^2/\sigma_2^2}$$

由

$$P\left(F_{1-\frac{\alpha}{2}}(n_1-1,n_2-1)\leqslant \frac{S_1^2/\sigma_1^2}{S_2^2/\sigma_2^2}\leqslant F_{\frac{\alpha}{2}}(n_1-1,n_2-1)\right)=1-\alpha$$

从中得出

$$P\left(\frac{S_1^2}{S_2^2} \cdot \frac{1}{F_{\frac{\alpha}{2}}(n_1-1, n_2-1)} \leqslant \frac{\sigma_1^2}{\sigma_2^2} \leqslant \frac{S_1^2}{S_2^2} \cdot \frac{1}{F_{1-\frac{\alpha}{2}}(n_1-1, n_2-1)}\right) = 1-\alpha$$

所以 $\frac{\sigma_1^2}{\sigma_2^2}$ 置信水平为 $1-\alpha$ 的置信区间为 $\left[\frac{S_1^2}{S_2^2} \cdot \frac{1}{F_{\frac{\alpha}{2}}(n_1-1, n_2-1)}, \frac{S_1^2}{S_2^2} \cdot \frac{1}{F_{1-\frac{\alpha}{2}}(n_1-1, n_2-1)}\right]$

例7-19 设两位化验员甲、乙独立地对某种聚合物含氯量用相同的方法各做10次测定，其测定值的样本方差为 $S_甲^2 = 0.5419$，$S_乙^2 = 0.6065$. 设甲、乙所测定值服从正态分布，$\sigma_甲^2$、$\sigma_乙^2$ 为测定值总体的方差，求方差比 $\frac{\sigma_甲^2}{\sigma_乙^2}$ 的置信水平为0.95的置信区间.

解： 这是均值未知，方差比的区间估计问题.

$\frac{\sigma_甲^2}{\sigma_乙^2}$ 的置信水平为 $1-\alpha$ 的置信区间为

$$\left[\frac{S_甲^2}{S_乙^2} \cdot \frac{1}{F_{\frac{\alpha}{2}}(n_1-1, n_2-1)}, \frac{S_甲^2}{S_乙^2} \cdot \frac{1}{F_{1-\frac{\alpha}{2}}(n_1-1, n_2-1)}\right]$$

又已知

$$S_甲^2 = 0.5419, \quad S_乙^2 = 0.6065, \quad n_1 = n_2 = 10, \quad \alpha = 0.05$$
$$F_{0.025}(9,9) = 4.03, \quad F_{0.975}(9,9) = \frac{1}{F_{0.025}(9,9)} = \frac{1}{4.03}$$

代入置信区间公式，得所求置信区间为 $[0.222, 3.60]$.

正态总体未知参数的置信区间如表7.1所列.

表7.1 正态总体未知参数的置信区间

总体情况	待估参数	其他参数情况	枢轴量及其分布	置信区间
单正态总体	μ	σ^2 已知	$\frac{\overline{X}-\mu}{\sigma/\sqrt{n}} \sim N(0,1)$	$\left[\overline{X}-\frac{\sigma}{\sqrt{n}}z_{\frac{\alpha}{2}}, \overline{X}+\frac{\sigma}{\sqrt{n}}z_{\frac{\alpha}{2}}\right]$
		σ^2 未知	$\frac{\overline{X}-\mu}{S/\sqrt{n}} \sim t(n-1)$	$\left[\overline{X}-\frac{S}{\sqrt{n}}t_{\frac{\alpha}{2}}(n-1), \overline{X}+\frac{S}{\sqrt{n}}t_{\frac{\alpha}{2}}(n-1)\right]$
	σ^2	μ 未知	$\frac{(n-1)S^2}{\sigma^2} \sim \chi^2(n-1)$	$\left[\frac{(n-1)S^2}{\chi^2_{\frac{\alpha}{2}}(n-1)}, \frac{(n-1)S^2}{\chi^2_{1-\frac{\alpha}{2}}(n-1)}\right]$
双正态总体	$\mu_1 - \mu_2$	σ_1^2、σ_2^2 已知	$\frac{(\overline{X}-\overline{Y})-(\mu_1-\mu_2)}{\sqrt{\frac{\sigma_1^2}{n_1}+\frac{\sigma_2^2}{n_2}}} \sim N(0,1)$	$\left[\overline{X}-\overline{Y}-z_{\frac{\alpha}{2}}\sqrt{\frac{\sigma_1^2}{n_1}+\frac{\sigma_2^2}{n_2}},\right.$ $\left.\overline{X}-\overline{Y}+z_{\frac{\alpha}{2}}\sqrt{\frac{\sigma_1^2}{n_1}+\frac{\sigma_2^2}{n_2}}\right]$
		$\sigma_1^2 = \sigma_2^2 = \sigma^2$，但 σ 未知	$\frac{(\overline{X}-\overline{Y})-(\mu_1-\mu_2)}{S_\omega\sqrt{\frac{1}{n_1}+\frac{1}{n_2}}} \sim t(n_1+n_2-2)$ $S_\omega^2 = \frac{(n_1-1)S_1^2+(n_2-1)S_2^2}{n_1+n_2-2}$	$\left[\overline{X}-\overline{Y}-t_{\frac{\alpha}{2}}(n_1+n_2-2)S_\omega\sqrt{\frac{1}{n_1}+\frac{1}{n_2}},\right.$ $\left.\overline{X}-\overline{Y}+t_{\frac{\alpha}{2}}(n_1+n_2-2)S_\omega\sqrt{\frac{1}{n_1}+\frac{1}{n_2}}\right]$
	$\frac{\sigma_1^2}{\sigma_2^2}$	μ_1、μ_2 未知	$\frac{S_1^2/\sigma_1^2}{S_2^2/\sigma_2^2} \sim F(n_1-1, n_2-1)$	$\left[\frac{S_1^2}{S_2^2} \cdot \frac{1}{F_{\frac{\alpha}{2}}(n_1-1, n_2-1)}, \frac{S_1^2}{S_2^2} \cdot \frac{1}{F_{1-\frac{\alpha}{2}}(n_1-1, n_2-1)}\right]$

第五节 单侧置信区间*

双侧区间估计中,既给出了未知参数的估计下限,也给出了估计上限.但在实际问题中,如对于药品的毒性希望越低越好,不能超过某一上限;而对于某些元件的寿命,希望越长越好,不能低于某一下限.由此就需要考虑未知参数的单侧区间问题.

置信区间的定义:设 $X_1, X_2, \cdots, X_n$ 是总体的样本,θ 是总体的一个未知参数,对给定的 $\alpha(0<\alpha<1)$,若由样本能确定统计量 $\underline{\theta}=\underline{\theta}(X_1, X_2, \cdots, X_n)$,使得对任意 $\theta \in \Theta$ 有

$$P(\theta \geqslant \underline{\theta}) \geqslant 1-\alpha$$

则称随机区间 $[\underline{\theta}, \infty]$ 是 θ 的置信水平为 $1-\alpha$ 的单侧置信区间,$\underline{\theta}$ 称为 θ 的置信水平为 $1-\alpha$ 的单侧置信下限.

若由样本能确定统计量 $\overline{\theta}=\overline{\theta}(X_1, X_2, \cdots, X_n)$,使得对任意 $\theta \in \Theta$ 有

$$P(\theta \leqslant \overline{\theta}) \geqslant 1-\alpha$$

则称随机区间 $[-\infty, \overline{\theta}]$ 是 θ 的置信水平为 $1-\alpha$ 的单侧置信区间,$\overline{\theta}$ 称为 θ 的置信水平为 $1-\alpha$ 的单侧置信上限.

在双侧区间估计中,讨论了单正态总体和双正态总体的均值及方差的区间估计问题,这些讨论在单侧区间中仍然可以进行,方法与在双侧区间估计中类似,这里就不一一讨论. 仅就单正态总体、方差已知、均值为 μ 的单侧置信上限问题加以讨论.

设总体 $X \sim N(\mu, \sigma^2)$,其中 σ^2 已知,$X_1, X_2, \cdots, X_n$ 是来自总体的样本,有

$$\frac{\overline{X}-\mu}{\sigma/\sqrt{n}} \sim N(0,1)$$

所以

$$P\left(\frac{\overline{X}-\mu}{\frac{\sigma}{\sqrt{n}}} \geqslant -z_\alpha\right) = 1-\alpha$$

即

$$P\left(\mu \leqslant \overline{X}+\frac{\sigma}{\sqrt{n}}z_\alpha\right) = 1-\alpha$$

得到 μ 的置信水平为 $1-\alpha$ 的单侧置信区间为 $\left[-\infty, \overline{X}+\frac{\sigma}{\sqrt{n}}z_\alpha\right]$.

μ 的置信水平为 $1-\alpha$ 的单侧置信上限为 $\overline{X}+\frac{\sigma}{\sqrt{n}}z_\alpha$.

需要说明的是,虽然单侧置信区间为 $\left[-\infty, \overline{X}+\frac{\sigma}{\sqrt{n}}z_\alpha\right]$,但在实际问题中,区间的下限并不都是负无穷,如药品的毒性,只考虑置信上限时,单侧区间的左端点不应是 $-\infty$,而是 0.

例 7-20 为研究某种汽车轮胎的磨损特性,随机地选择 16 只轮胎,每只轮胎行驶

到磨坏为止,记录所行驶的里程数,得到平均里程数为 41500km,标准差为 362km,假设轮胎的行驶里程数服从正态分布 $N(\mu,\sigma^2)$,求 μ 的置信水平为 0.90 的单侧置信下限.

解:设总体为 X,则 $X \sim N(\mu,\sigma^2)$,由题意 σ^2 未知,所以用 σ^2 的无偏估计 S^2 代替,由

$$\frac{\overline{X}-\mu}{S/\sqrt{n}} \sim t(n-1)$$

得

$$P\left(\frac{\overline{X}-\mu}{S/\sqrt{n}} \leqslant t_\alpha(n-1)\right) = 1-\alpha$$

即

$$P\left(\mu \geqslant \overline{X} - \frac{S}{\sqrt{n}}t_\alpha(n-1)\right) = 1-\alpha$$

所以 μ 的置信水平为 $1-\alpha$ 的单侧置信区间为 $\left[\overline{X} - \frac{S}{\sqrt{n}}t_\alpha(n-1), \infty\right]$,置信下限为 $\overline{X} - \frac{S}{\sqrt{n}}t_\alpha(n-1)$.

已知 $\overline{X}=41500$,$\alpha=0.10$,$S=362$,$t_{0.10}(15)=1.3406$ 计算 $\overline{X} - \frac{S}{\sqrt{n}}t_\alpha(n-1) = 41500 - \frac{362}{\sqrt{16}} \times 1.3406 = 41378.68$(km)

所以 μ 的置信水平为 0.90 的单侧置信下限为 41378.68km.

习 题

1. 随机地取 8 个钢管,测其长度为 1050cm、1100cm、1040cm、1250cm、1080cm、1200cm、1130cm、1300cm,求总体均值 μ 及标准差 σ 的矩估计.

2. 设总体密度函数如下:

(1) $f(x;\theta) = \begin{cases} \dfrac{6x(\theta-x)}{\theta^3}, & 0<x<\theta \\ 0, & \text{其他} \end{cases}$

(2) $f(x;\theta) = \begin{cases} \sqrt{\theta}x^{\sqrt{\theta}-1}, & 0<x<1, \theta>0 \\ 0, & \text{其他} \end{cases}$

$X_1, X_2, \cdots, X_n$ 是取自总体 X 的样本.求未知参数的矩估计.

3. 设总体 X 服从参数为 λ 的泊松分布,$X_1, X_2, \cdots, X_n$ 是来自总体的一个样本,求:

(1) 参数 λ 的最大似然估计;

(2) $P(X=0)$ 的最大似然估计.

4. 设总体 X 的分布律为 $P(X=k) = (1-p)^{k-1}p(k=1,2,\cdots)$,其中 p 为未知数,$X_1, X_2, \cdots, X_n$ 为取自总体 X 的样本,试求 p 的最大似然估计.

5. 总体 $X \sim B(1,p)$,$X_1, X_2, \cdots, X_n$ 是来自总体的一个样本,求参数 p 的矩估计和最大似然估计.

6. 设总体 X 的密度函数为
$$f(x;\theta) = \begin{cases} \theta x^{\theta-1}, & 0 < x < 1 \\ 0, & 其他 \end{cases} \quad (\theta > 0)$$
$X_1, X_2, \cdots, X_n$ 为总体 X 的一个样本,分别求 θ 的矩估计和最大似然估计.

7. 设总体 $X \sim N(\mu, \sigma^2)$,$X_1, X_2, \cdots X_{10}$ 是 X 的一个样本,试问下列统计量是不是 μ 的无偏估计量.

(1) $\overline{X} = \dfrac{1}{10}\sum\limits_{i=1}^{10} X_i$;

(2) $\dfrac{1}{12}\sum\limits_{i=1}^{5} X_i + \dfrac{1}{20}\sum\limits_{i=6}^{10} X_i$;

(3) $\dfrac{1}{10}\sum\limits_{i=1}^{5} X_i + \dfrac{1}{5}\sum\limits_{i=6}^{10} X_i^2$.

8. 总体 $X \sim N(\mu, 1)$,X_1, X_2 为其样本,记
$$\mu_1 = \frac{1}{3}X_1 + \frac{2}{3}X_2, \quad \mu_2 = \frac{1}{4}X_1 + \frac{3}{4}X_2$$
$$\mu_3 = \frac{1}{2}X_1 + \frac{1}{2}X_2, \quad \mu_4 = \frac{2}{5}X_1 + \frac{3}{5}X_2$$
证明:这 4 个估计量都是 μ 的无偏估计量,并确定哪一个最有效.

9. 设总体 $X \sim B(n, p)$,其中 $0 < p < 1$,n 已知,而 p 为未知参数,又 $X_1, X_2, \cdots, X_m$ 为样本,证明:$\dfrac{1}{nm}\sum\limits_{i=1}^{m} X_i$ 为 p 的无偏估计.

10. 设 X_1、X_2 为正态总体 $N(\mu, \sigma^2)$ 的一个样本,若 $CX_1 + \dfrac{1}{1999}X_2$ 为 μ 的无偏估计,求 C.

11. 设正态总体 $X \sim N(\mu_1, \sigma^2)$ 与 $Y \sim N(\mu_2, \sigma^2)$ 相互独立,$X_1, X_2, \cdots, X_n$ 与 $Y_1, Y_2, \cdots, Y_m$ 分别为总体 X 与 Y 的样本. 记
$$\overline{X} = \frac{1}{n}\sum_{i=1}^{n} X_i, \quad \overline{Y} = \frac{1}{m}\sum_{i=1}^{m} Y_i, \quad S_1^2 = \frac{1}{n-1}\sum_{i=1}^{n}(X_i - \overline{X})^2,$$
$$S_2^2 = \frac{1}{m-1}\sum_{i=1}^{m}(Y_i - \overline{Y})^2$$
试证:对任意常数 a、$b(a+b=1)$,$Z = aS_1^2 + bS_2^2$ 是 σ^2 的无偏估计,并求常数 a、b,使 $D(Z)$ 达到最大.

12. 随机地从一些钉子中抽取 16 枚,测得其长度(cm)为

2.15　2.14　2.10　2.13　2.12　2.13　2.10　2.15
2.12　2.14　2.10　2.13　2.11　2.14　2.11　2.13

设钉子长度 X 服从正态分布,试求已知 $\sigma = 0.01$ 和 σ^2 未知时总体均值 μ 的置信水平为 90% 的置信区间.

13. 在稳定生产的情况下,可认为某工厂生产的荧光灯管的使用小时数 $X \sim N(\mu, \sigma^2)$,观察 10 支灯管的使用小时数,计算出 $\overline{x} = 502\text{h}$,$S^2 = 38$. 试对该种荧光灯管使用小时数做如下估计:

(1) 已知 $\sigma=5$，求 μ 的置信水平为 95% 的置信区间；

(2) σ 未知，求 μ 的置信水平为 95% 的置信区间；

(3) μ 未知，求 σ^2 的置信水平为 95% 的置信区间.

14. 在某区小学五年级随机抽选了 25 名男生，测得其平均身高为 150cm，标准差为 12cm. 假设该区小学五年级男生的身高服从正态分布 $N(\mu,\sigma^2)$，μ 未知. 试求 σ 的置信水平为 0.95 的置信区间.

15. 设总体 $X \sim N(\mu,\sigma^2)$，$X_1, X_2, \cdots, X_n$ 是来自总体的一个样本，μ 已知. 试求方差 σ^2 的置信水平为 $1-\alpha$ 区间估计.

16. 随机地从甲批导线中抽取 4 根，又从乙批导线中抽取 5 根，测得电阻（单位为 Ω）如下：

甲批导线电阻：0.143 0.142 0.137 0.143

乙批导线电阻：0.140 0.136 0.142 0.140 0.138

设甲、乙两批导线电阻分别服从正态分布 $N(\mu_1,\sigma^2)$、$N(\mu_2,\sigma^2)$，两样本相互独立，又 σ 未知. 试求 $\mu_1 - \mu_2$ 的置信水平为 0.95 的置信区间.

17. 某车间有两台自动车床加工一类套筒，假设套筒直径服从正态分布，现在从两个班次的产品中分别检查了 5 个和 6 个套筒，测其直径数据(cm)如下：

A 班：5.06   5.08   5.03   5.07   5.00

B 班：5.03   4.98   4.97   5.02   4.99   4.95

试求两班加工套筒直径的方差比为 $\dfrac{\sigma_A^2}{\sigma_B^2}$ 的置信水平为 0.95 的置信区间.

18. $X \sim N(\mu,3^2)$，如果要求置信水平为 $1-\alpha$ 的置信区间的长度不超过 2，试问在 $\alpha=0.10$ 和 $\alpha=0.01$ 两种情况下，需要抽取的样本容量分别是多少？

19. 某厂生产一批金属材料，其抗弯强度服从正态分布，今从这批金属材料中抽取 11 个测试件，测得其抗弯强度为 42.5kg、42.7kg、43.0kg、42.3kg、43.4kg、44.5kg、44.0kg、43.8kg、44.1kg、43.0kg、43.7kg.

试求平均抗弯强度 μ 的置信水平为 0.95 单侧置信下限.

20. 设某种清漆的 9 个样品，其干燥时间为

6.0h、5.7h、5.8h、6.5h、7.0h、6.3h、5.6h、6.1h、5.0h. 设干燥时间总体服从正态分布 $N(\mu,\sigma^2)$，试求 σ^2 的置信水平为 0.95 的单侧置信上限.

21. 为了比较甲、乙两种显像管的使用寿命 X 和 Y，随机地抽取两种显像管各 10 个，经计算，样本均值为 $\overline{X}=2.33$，$S_X^2=3.06$，$\overline{Y}=0.75$，$S_Y^2=2.13$，假设两种显像管的寿命服从正态分布，且由生产过程知它们的方差相等（具体数值不知）. 试求两个总体均值之差 $\mu_1-\mu_2$ 的置信水平为 0.95 的单侧置信下限.

第八章 假设检验

第七章介绍了参数的估计问题,是对未知参数的数值进行统计推断,从而给出一个近似值或一个范围,但在实际中常常会遇到以下这样的问题.

(1) 某手机广告宣称他们的手机可待机一个月,某人购买了一部,结果只待机 20 天,如果由实际经验知,手机待机时间服从正态分布,能否说明广告言过其实呢?怎样做来检验广告是否言过其实呢?

(2) 某次测试成绩公布,10 个人的测试成绩分别为 72、87、65、57、92、76、78、80、69、75,能否说明测试成绩服从正态分布?

(1) 中总体的分布仅知道形式而参数未知;(2) 中分布完全未知. 对总体的分布形式或者参数情况提出假设,然后去检验这些假设,这就是本章要解决的假设检验问题. 总体分布形式已知,仅对参数先提出假设,然后检验,这称为参数假设检验;而对总体的分布形式先提出假设,然后检验,这称为非参数假设检验. 本章主要介绍参数的假设检验.

第一节 假设检验概述

一、问题的提出

举例来引入假设检验问题:

例 8—1 超市出售某种方便面,包装袋上标明净质量为 100g,某人购买了 9 袋,称重分别为 98.5g、99g、97g、100g、102g、99.6g、97.4g、96.5g、101g. 假设方便面每袋质量服从正态分布 $N(\mu,1^2)$,试从购买者和生产厂家两个方面来考虑方便面质量是否合格?

从题意分析,方便面质量是一个随机变量,设为 X,且 $X \sim N(\mu,1^2)$,这里 μ 应该是 100,但实际上未知.

(1) 从购买者的角度来考虑,方便面的质量不应低于 100g,否则就认为是不合格的. 所以要根据样本值来判断 $\mu \geq 100$,还是 $\mu < 100$,这是两个完全对立的结果. 于是设 $H_0: \mu \geq 100$;$H_1: \mu < 100$,在统计学中这两个假设称为统计假设,其中主要检验的是 $H_0: \mu \geq 100$,称为原假设,$H_1: \mu < 100$,称为备择假设. 当假设建立以后,关键就是要寻找一个合理的法则,来判断是接受 $H_0: \mu \geq 100$,还是拒绝 $H_0: \mu \geq 100$,从而接受 $H_1: \mu < 100$.

(2) 从生产厂家的角度来考虑,方便面的质量即不应低于 100g,也不应高于 100g;否则就认为是不合格的. 所以要检验的是 $\mu = 100$,还是 $\mu \neq 100$,这同样是两个对立的结果. 所以原假设 $H_0: \mu = 100$,备择假设 $H_1: \mu \neq 100$.

第一种情况中,只有 $\mu < 100$ 时才拒绝 H_0,称为单边假设检验. 第二种情况中,无论 $\mu > 100$ 还是 $\mu < 100$ 时都要拒绝 H_0,所以称为双边假设检验.

二、假设检验的原理与方法

通过例 8-1，我们提出了假设检验的问题，那么如何在原假设与备择假设之间做出选择呢？采用的基本原理和方法是"小概率原理"和"概率意义上的反证法的思想".

(1) 小概率原理："小概率事件在一次试验中几乎是不可能发生的". 这句话的意思是，一个概率很小的事件，在只做一次试验的情况下，是不应该发生的. 一旦发生了，就有理由怀疑使这个小概率事件发生的条件不成立. 我们用一个例子来说明这个原理，某女士自称能从一杯加了茶叶和糖的茶水中品出是先加的糖还是先加的茶叶，为了验证她的说法，该女士连续品茶 10 杯，都说对了，试检验她是真的知道还是猜对的？从直观上很容易认为她是真的知道，但是还需要给出一个合理的理由. 显然她若是真的知道，10 杯都说对的概率是 1，若是猜对的，猜对的概率为 $\left(\frac{1}{2}\right)^{10} \approx 9.77 \times 10^{-5}$，这是一个很小的概率. 按照小概率原理，只做一次试验，是不应该发生的，但事实上该事件确实发生了. 小概率原理是毋庸置疑的，那么只能是我们的假设"猜对的"是不对的，所以拒绝了"猜对的"，从而接受了她确实是真的知道这个结论. 这个例子实际上已经给出了判断假设检验问题的方法，即建立在小概率原理上的反证法的思想.

(2) 小概率原理上的反证法：先假设 H_0 是真的，在此基础上定义一个小概率事件 A，这个事件中包含样本，然后根据样本值来判断事件 A 是否发生. 如果 A 发生，这不符合小概率原理，说明假设"H_0 是真的"错误；如果 A 不发生，和小概率原理不矛盾，没有充分的理由去否定 H_0，只能接受"H_0 是真的"这一结论.

(3) 基于小概率原理上的反证法中，关键是这个小概率事件，那么多小的概率算是小概率呢？在统计学中，用正数 α 来表示这个小概率，由检验者根据实际情况预先指定，可以是 0.01、0.05，但一般不会超过 0.1，α 称为假设检验的显著性水平.

(4) 以例 8-1 中的问题(2)来说明假设检验的方法：

① 检验统计量的选取. 由于要检验的是总体均值 μ，而样本均值 $\overline{X}$ 是 μ 的无偏估计，所以 $\overline{X}$ 的观察值的大小在一定程度上能反映 μ 的取值情况. 假设 H_0 是真的，则 $\overline{X}$ 与 100 的误差不应太大，即 $|\overline{X}-100|$ 不应太大，如 $|\overline{X}-100|$ 太大，则有理由怀疑 H_0 的正确性. 但是 $|\overline{X}-100|$ 是大还是不大的临界点是多少呢？就必须根据 $|\overline{X}-100|$ 的分布来确定一个合理的判断标准，即确定一个数 k. 当 $|\overline{X}-100|>k$ 时，拒绝 H_0；当 $|\overline{X}-100| \leqslant k$ 时，接受 H_0. 但利用 $|\overline{X}-100|$ 的分布不易计算，而当 H_0 为真时，$\frac{\overline{X}-100}{\sigma/\sqrt{n}} \sim N(0,1)$，衡量 $|\overline{X}-100|$ 的大小可转化为衡量 $\left|\frac{\overline{X}-100}{\sigma/\sqrt{n}}\right|$ 的大小，选取正数 k 为临界点，当 $\left|\frac{\overline{X}-100}{\sigma/\sqrt{n}}\right| \geqslant k$ 时拒绝 H_0，称 $\frac{\overline{X}-100}{\sigma/\sqrt{n}}$ 为检验统计量.

② k 的确定. 由于检验的显著性水平 α 已经预先给定，则由 $P\left\{\left|\frac{\overline{X}-100}{\sigma/\sqrt{n}}\right| \geqslant k\right\}=\alpha$ 构造小概率事件，由上式及分位数的知识可知 $k=z_{\frac{\alpha}{2}}$，即 $P\left\{\left|\frac{\overline{X}-100}{\sigma/\sqrt{n}}\right| \geqslant z_{\frac{\alpha}{2}}\right\}=\alpha$.

③ 拒绝域. 当把样本均值 $\bar{x}$ 代入 $\left|\dfrac{\overline{X}-100}{\sigma/\sqrt{n}}\right|$ 时,如果 $\left|\dfrac{\bar{x}-100}{\sigma/\sqrt{n}}\right|\geqslant z_{\frac{\alpha}{2}}$,则小概率事件发生了(因为 $\left|\dfrac{\overline{X}-100}{\sigma/\sqrt{n}}\right|\geqslant z_{\frac{\alpha}{2}}$ 的概率只有 α,是小概率事件),这与小概率原理是相悖的,说明"H_0 是真的"错误;如果 $\left|\dfrac{\bar{x}-100}{\sigma/\sqrt{n}}\right|<z_{\frac{\alpha}{2}}$,则和小概率原理不矛盾,没有充分的理由去否定 H_0,只能接受"H_0 是真的"这一结论. 拒绝原假设的区域称为拒绝域,相应的接受原假设的区域称为接受域. 本例中拒绝域为 $(-\infty,-z_{\frac{\alpha}{2}})\cup(z_{\frac{\alpha}{2}},+\infty)$.

④ 给定 $\alpha=0.05$,$\bar{x}=99$,查表 $z_{0.025}=1.96$,将数据代入

$$\left|\dfrac{\overline{X}-100}{\sigma/\sqrt{n}}\right|=\dfrac{|99-100|}{1/\sqrt{9}}=3>1.96$$

落入了拒绝域中,说明小概率事件发生了,从而拒绝 H_0,即方便面不合格.

(5) 假设检验中可能犯的两种错误:第一类错误(弃真错误) H_0 为真,但由于抽样的信息有误而被拒绝,其概率恰为显著水平 α,即 $P\{$拒绝 $H_0|H_0$ 为真$\}=\alpha$;第二类错误(取伪错误),H_0 不真而被接受,概率记为 β,即 $P\{$接受 $H_0|H_0$ 不真$\}=\beta$.

当样本容量 n 一定时,无法找到一个使 α、β 同时减少的检验,在实际工作中总是控制 α 适当的小. 这样的检验称为显著性检验.

三、假设检验的步骤

(1) 根据问题提出原假设 H_0 和备择假设 H_1.

(2) 选择适当的检验统计量,并求出其分布(需要注意的是检验统计量中不能有任何未知参数).

(3) 在确定显著水平后,可根据检验统计量的分布定出检验的拒绝域.

(4) 根据试验的样本值,计算本次试验的统计量值,并和拒绝域加以比较.

(5) 若统计量值落在拒绝域内,则拒绝 H_0,接受 H_1;若统计量值未落入拒绝域则接受 H_0.

第二节 正态总体均值的假设检验

参数假设检验一般分以下 3 种形式:
(1) $H_0:\theta=\theta_0$,$H_1:\theta\neq\theta_0$.
(2) $H_0:\theta\geqslant\theta_0$,$H_1:\theta<\theta_0$.
(3) $H_0:\theta\leqslant\theta_0$,$H_1:\theta>\theta_0$.

其中,第 1 种形式是双边假设检验,第 2 种形式为左边检验,第 3 种形式为右边检验,第 2 种和第 3 种形式都称为单边假设检验.

本节针对正态总体的均值的假设检验问题展开讨论.

一、单正态总体均值的假设检验

设 $X_1,X_2,\cdots,X_n$ 是来自总体 $N(\mu,\sigma^2)$ 的样本.

1. σ^2 已知（Z 检验法）

1）双边假设检验

$H_0: \mu = \mu_0, H_1: \mu \neq \mu_0$；

由例 8-1 可知，选取的检验统计量为

$$Z = \frac{\overline{X} - \mu_0}{\sigma/\sqrt{n}} \sim N(0,1)$$

由 $P\left\{\left|\dfrac{\overline{X}-\mu_0}{\sigma/\sqrt{n}}\right| > z_{\frac{\alpha}{2}}\right\} = \alpha$ 得拒绝域为 $(-\infty, -z_{\frac{\alpha}{2}}) \cup (z_{\frac{\alpha}{2}}, +\infty)$ 或 $\left|\dfrac{\overline{X}-\mu_0}{\sigma/\sqrt{n}}\right| > z_{\frac{\alpha}{2}}$.

例 8-2 已知某炼铁厂铁水含碳量服从正态分布 $N(4.55, 0.108^2)$，现在测定了 9 炉铁水，其平均含碳量为 4.484，如果方差没有变化，可否认为铁水的平均含碳量仍为 $4.55(\alpha=0.05)$？

解：（1）假设检验 $H_0: \mu = 4.55, H_1: \mu \neq 4.55$.

（2）方差已知，检验统计量为

$$Z = \frac{\overline{X} - \mu_0}{\sigma}\sqrt{n} \sim N(0,1)$$

（3）对显著性水平 $\alpha = 0.05$，确定拒绝域 $(-\infty, -z_{0.025}) \cup (z_{0.025}, +\infty)$，查表 $z_{0.025} = 1.96$，所以拒绝域为 $(-\infty, -1.96) \cup (1.96, +\infty)$.

（4）$|Z| = \left|\dfrac{\overline{X}-\mu_0}{\sigma}\sqrt{n}\right| = \left|\dfrac{4.484-4.55}{0.108} \times \sqrt{9}\right| = 1.833$.

（5）因为 $-1.96 < 1.833 < 1.96$，没有落入拒绝域，所以接受 H_0，可以认为铁水含碳量仍为 4.55.

2）单边假设检验

在某些实际问题中，有时只关心 μ 是否减小或者增大，如例 8-1 中，站在消费者的角度来看，只考虑方便面的平均重量是否显著少，而不需考虑是否多了，因此原假设和备择假设需设为 $H_0: \mu \geq \mu_0, H_1: \mu < \mu_0$. 从假设中可以发现，若想拒绝 H_0，样本均值 $\overline{X}$ 应该比 μ_0 小很多，如果样本均值 $\overline{X}$ 比 μ_0 大，那么它所反映的总体均值 μ 比 μ_0 还小，是不符合实际的. 那么 $\overline{X}$ 比 μ_0 小多少才能拒绝 H_0 呢？

不妨先假设 $\mu = \mu_0$，则

$$\frac{\overline{X} - \mu_0}{\sigma/\sqrt{n}} \sim N(0,1)$$

所以检验统计量选取

$$Z = \frac{\overline{X} - \mu_0}{\sigma/\sqrt{n}} \sim N(0,1)$$

因为只有 $\overline{X}$ 的取值过小才会拒绝 $\mu = \mu_0$，即 $\dfrac{\overline{X}-\mu_0}{\sigma/\sqrt{n}}$ 过小，所以拒绝域的形式应为

$$\frac{\overline{X} - \mu_0}{\sigma/\sqrt{n}} < k$$

对于显著水平 α,有
$$P\left\{\frac{\overline{X}-\mu_0}{\sigma/\sqrt{n}}<-z_\alpha\right\}=\alpha$$

这是一个小概率事件,所以 $k=-z_\alpha$,拒绝域为 $(-\infty,-z_\alpha)$,或 $\frac{\overline{X}-\mu_0}{\sigma/\sqrt{n}}<-z_\alpha$.

事实上,μ_0 是 H_0 中最小的一个 μ 值,如果通过抽样检验拒绝了 $\mu=\mu_0$,接受了 $\mu<\mu_0$,那么对于 H_0 中任何一个比 μ_0 大的 μ 值,显然也应被拒绝.

所以 $H_0:\mu\geqslant\mu_0$ 的拒绝域为 $(-\infty,-z_\alpha)$.

同理,对于原假设为 $H_0:\mu\leqslant\mu_0$,$H_1:\mu>\mu_0$.在 σ 已知的情况下,检验统计量仍为
$$Z=\frac{\overline{X}-\mu_0}{\sigma/\sqrt{n}}\sim N(0,1)$$

拒绝域为 $Z>z_\alpha$,即 $(z_\alpha,+\infty)$

例 8-3 从甲地发送一个信号到乙地,设乙地接收到的信号值是一个服从正态分布 $N(\mu,0.2^2)$ 的随机变量,其中 μ 为甲地发射的真实信号值,现甲地重复发送同一信号 5 次,乙地接收到的信号值为 8.05、8.15、8.2、8.1、8.25.试问能否认为甲地发射的信号大于 8?($\alpha=0.05$)

解:(1) 根据题意,需检验的是 $H_0:\mu\leqslant 8$,$H_1:\mu>8$.

(2) 方差已知,检验统计量为
$$Z=\frac{\overline{X}-\mu_0}{\sigma}\sqrt{n}\sim N(0,1)$$

(3) 对显著性水平 $\alpha=0.05$,拒绝域:
$$Z=\frac{(\overline{X}-\mu_0)\sqrt{n}}{\sigma}>z_{0.05}$$

查表

$z_{0.05}=1.645$

所以拒绝域为
$$Z=\frac{(\overline{X}-\mu_0)\sqrt{n}}{\sigma}>1.645$$

(4) $\overline{x}=8.15$,$Z=\frac{(8.15-8)\sqrt{5}}{0.2}=1.68>1.645$

(5) 计算结果 Z 值落入了拒绝域,故拒绝原假设,接受备择假设,认为甲地发射信号确实大于 8.

2. σ^2 未知(t 检验法)

由于 σ 未知,所以检验统计量无法再用 $\frac{\overline{X}-\mu_0}{\sigma/\sqrt{n}}$,而样本标准差 S 是 σ 的无偏估计,所以自然想到用 S 来代替 σ,$\frac{\overline{X}-\mu_0}{S/\sqrt{n}}\sim t(n-1)$,所以设 $T=\frac{\overline{X}-\mu_0}{S/\sqrt{n}}$ 即为检验统计量.

1) 双边假设检验

$H_0: \mu = \mu_0, H_1: \mu \neq \mu_0$. 由

$$P\left\{\left|\frac{\overline{X}-\mu_0}{S/\sqrt{n}}\right| > t_{\frac{\alpha}{2}}(n-1)\right\} = \alpha$$

得拒绝域为 $(-\infty, -t_{\frac{\alpha}{2}}(n-1)) \cup (t_{\frac{\alpha}{2}}(n-1), +\infty)$
即

$$|T| = \left|\frac{\overline{X}-\mu_0}{S/\sqrt{n}}\right| > t_{\frac{\alpha}{2}}(n-1)$$

2) 单边假设检验

(1) $H_0: \mu \geq \mu_0, H_1: \mu < \mu_0$. 对于显著水平 α,有

$$P\left\{\frac{\overline{X}-\mu_0}{S/\sqrt{n}} < -t_\alpha(n-1)\right\} = \alpha$$

拒绝域为 $(-\infty, -t_\alpha(n-1))$,或 $T = \frac{\overline{X}-\mu_0}{S/\sqrt{n}} < -t_\alpha(n-1)$.

(2) $H_0: \mu \leq \mu_0, H_1: \mu > \mu_0$. 对于显著水平 α,有

$$P\left\{\frac{\overline{X}-\mu_0}{S/\sqrt{n}} > t_\alpha(n-1)\right\} = \alpha$$

拒绝域为 $(t_\alpha(n-1), +\infty)$,或 $T = \frac{\overline{X}-\mu_0}{S/\sqrt{n}} > t_\alpha(n-1)$.

例8-4 一公司声称某种类型的电池的平均寿命至少为21.5(h).有一实验室检验了该公司制造的6套电池,得到数据19、18、22、20、16、25.

试问:这些结果是否表明这种类型的电池不符合该公司所声称的寿命?($\alpha=0.05$)

解:(1) 根据题意,需检验的是 $H_0: \mu \geq 21.5, H_1: \mu < 21.5$;

(2) 方差未知,检验统计量为

$$T = \frac{\overline{X}-\mu_0}{S}\sqrt{n} \sim t(n-1)$$

(3) 对显著性水平 $\alpha=0.05$,拒绝域为

$$T = \frac{(\overline{X}-\mu_0)\sqrt{n}}{S} < -t_{0.05}(5)$$

查表得,$t_{0.05}(5)=2.015$,所以拒绝域为

$$Z = \frac{(\overline{X}-\mu_0)\sqrt{n}}{S} < -2.015$$

(4) $\overline{x}=20, s=3.16, T=\frac{(20-21.5)\sqrt{6}}{3.16}=-1.162 > -2.015$

(5) 计算结果 T 值未落入拒绝域,故无法拒绝原假设,接受原假设,这种类型的电池符合该公司所声称的寿命.

表 8.1 单正态总体均值的检验

原假设 H_0	备择假设 H_1	其他参数	检验统计量及其分布	拒绝域
$\mu = \mu_0$	$\mu \neq \mu_0$			$\left\vert \dfrac{\overline{X}-\mu_0}{\sigma/\sqrt{n}} \right\vert > z_{\alpha/2}$
$\mu \leqslant \mu_0$	$\mu > \mu_0$	σ^2 已知	$\dfrac{\overline{X}-\mu_0}{\sigma/\sqrt{n}} \sim N(0,1)$	$\dfrac{\overline{X}-\mu_0}{\sigma/\sqrt{n}} > z_\alpha$
$\mu \geqslant \mu_0$	$\mu < \mu_0$			$\dfrac{\overline{X}-\mu_0}{\sigma/\sqrt{n}} < -z_\alpha$
$\mu = \mu_0$	$\mu \neq \mu_0$			$\left\vert \dfrac{\overline{X}-\mu_0}{s/\sqrt{n}} \right\vert > t_{\alpha/2}(n-1)$
$\mu \leqslant \mu_0$	$\mu > \mu_0$	σ^2 未知	$\dfrac{\overline{X}-\mu_0}{S/\sqrt{n}} \sim t(n-1)$	$\dfrac{\overline{X}-\mu_0}{s/\sqrt{n}} > t_\alpha(n-1)$
$\mu \geqslant \mu_0$	$\mu < \mu_0$			$\dfrac{\overline{X}-\mu_0}{s/\sqrt{n}} < -t_\alpha(n-1)$

二、双正态总体均值差的假设检验

设 $X_1, X_2, \cdots, X_{n_1}$ 是来自总体 X 的样本，$Y_1, Y_2, \cdots, Y_{n_2}$ 是来自总体 Y 的样本，其中 $X \sim N(\mu_1, \sigma_1^2)$，$Y \sim N(\mu_2, \sigma_2^2)$，且两个样本相互独立，记它们的样本均值分别为 $\overline{X}$、$\overline{Y}$，样本方差分别为 S_1^2, S_2^2，下面讨论的是以下 3 个方面的均值差的检验问题：

$$H_0: \mu_1 - \mu_2 = \delta, \quad H_1: \mu_1 - \mu_2 \neq \delta$$
$$H_0: \mu_1 - \mu_2 \leqslant \delta, \quad H_1: \mu_1 - \mu_2 > \delta$$
$$H_0: \mu_1 - \mu_2 \geqslant \delta, \quad H_1: \mu_1 - \mu_2 < \delta$$

1. σ_1^2、σ_2^2 已知（Z 检验法）

1) $H_0: \mu_1 - \mu_2 = \delta$，$H_1: \mu_1 - \mu_2 \neq \delta$

假设检验的关键是找到合适的检验统计量和拒绝域，在这个假设中，如果 H_0 为真，即 $\mu_1 - \mu_2 - \delta = 0$，那么 $|\overline{X} - \overline{Y} - \delta|$ 不应太大；否则，就有理由怀疑 H_0 的正确性. 即拒绝域的形式应为 $|\overline{X} - \overline{Y} - \delta| > k$，但 $\overline{X} - \overline{Y} - \delta$ 的分布不易求出，而由抽样分布定理可知

$$\frac{(\overline{X} - \overline{Y}) - (\mu_1 - \mu_2)}{\sqrt{\dfrac{\sigma_1^2}{n_1} + \dfrac{\sigma_2^2}{n_2}}} \sim N(0,1)$$

若 H_0 为真，则

$$\frac{(\overline{X} - \overline{Y}) - \delta}{\sqrt{\dfrac{\sigma_1^2}{n_1} + \dfrac{\sigma_2^2}{n_2}}} \sim N(0,1)$$

衡量 $|\overline{X} - \overline{Y} - \delta| > k$，可以转化为衡量 $\left\vert \dfrac{\overline{X} - \overline{Y} - \delta}{\sqrt{\dfrac{\sigma_1^2}{n_1} + \dfrac{\sigma_2^2}{n_2}}} \right\vert > k$，所以检验统计量为

$$Z = \frac{(\overline{X}-\overline{Y})-\delta}{\sqrt{\frac{\sigma_1^2}{n_1}+\frac{\sigma_2^2}{n_2}}}$$

由

$$P\left\{\left|\frac{\overline{X}-\overline{Y}-\delta}{\sqrt{\frac{\sigma_1^2}{n_1}+\frac{\sigma_2^2}{n_2}}}\right|>k\right\}=\alpha$$

得到 $k=z_{\frac{\alpha}{2}}$，拒绝域为 $|Z|>z_{\frac{\alpha}{2}}$.

2) $H_0: \mu_1-\mu_2\leqslant\delta$，$H_1: \mu_1-\mu_2>\delta$

由于条件不变，所以检验统计量不变，由备择假设的形式可知拒绝域为

$$Z=\frac{(\overline{X}-\overline{Y})-\delta}{\sqrt{\frac{\sigma_1^2}{n_1}+\frac{\sigma_2^2}{n_2}}}>z_\alpha$$

3) $H_0: \mu_1-\mu_2\geqslant\delta$，$H_1: \mu_1-\mu_2<\delta$

拒绝域为

$$Z=\frac{(\overline{X}-\overline{Y})-\delta}{\sqrt{\frac{\sigma_1^2}{n_1}+\frac{\sigma_2^2}{n_2}}}<-z_\alpha$$

2. $\sigma_1^2=\sigma_2^2=\sigma^2$，但 σ 未知（t 检验法）

由于 σ 未知，Z 检验法不再适用.

由抽样分布定理可知

$$\frac{(\overline{X}-\overline{Y})-(\mu_1-\mu_2)}{S_\omega\sqrt{\frac{1}{n_1}+\frac{1}{n_2}}} \sim t(n_1+n_2-2)$$

其中

$$S_\omega^2=\frac{(n_1-1)S_1^2+(n_2-1)S_2^2}{n_1+n_2-2}$$

如果 H_0 为真，则

$$\frac{(\overline{X}-\overline{Y})-\delta}{S_\omega\sqrt{\frac{1}{n_1}+\frac{1}{n_2}}} \sim t(n_1+n_2-2)$$

所以检验统计量为

$$T=\frac{(\overline{X}-\overline{Y})-\delta}{S_\omega\sqrt{\frac{1}{n_1}+\frac{1}{n_2}}}$$

1) $H_0: \mu_1-\mu_2=\delta$，$H_1: \mu_1-\mu_2\neq\delta$

拒绝域为

$$|T|>t_{\frac{\alpha}{2}}(n_1+n_2-2)$$

2) $H_0: \mu_1-\mu_2\leqslant\delta$，$H_1: \mu_1-\mu_2>\delta$

拒绝域为
$$T > t_\alpha(n_1 + n_2 - 2)$$

3) $H_0: \mu_1 - \mu_2 \geq \delta$，$H_1: \mu_1 - \mu_2 < \delta$

拒绝域为
$$T < -t_\alpha(n_1 + n_2 - 2)$$

例 8-5 某地区对中学教学进行改革，为评估改革效果，分别在改革前和改革后进行两次考试，从参加考试人中各随机抽取 100 人，测得考试的平均分分别为 63.5、67.0，假设两次考试成绩服从正态分布 $N(\mu_1, \sigma_1^2)$、$N(\mu_2, \sigma_2^2)$，在显著水平 $\alpha=0.05$ 下从以下两种情况来考虑改革是否有效？

(1) $\sigma_1 = 2.1, \sigma_2 = 2.2$；(2) $\sigma_1 = \sigma_2$ 未知，但 $S_1 = 1.9, S_2 = 2.01$.

解 如果改革有效，改革后平均成绩 μ_2 应比改革前平均成绩 μ_1 高，即 $\mu_1 - \mu_2 < 0$，否则即为无效. 所以原假设为 $H_0: \mu_1 - \mu_2 \geq 0$，备择假设为 $H_1: \mu_1 - \mu_2 < 0$.

(1) 由于 σ_1、σ_2 已知，采用 Z 检验法，检验统计量为
$$Z = \frac{\overline{X} - \overline{Y} - \delta}{\sqrt{\frac{\sigma_1^2}{n_1} + \frac{\sigma_2^2}{n_2}}}$$

拒绝域 $Z < -z_\alpha$，$\alpha = 0.05$. 查表得，$z_{0.05} = 1.645$，所以拒绝域 $Z < -1.645$.

由 $\overline{X} = 63.5, \overline{Y} = 67.0, \sigma_1 = 2.1, \sigma_2 = 2.2, n_1 = 100, n_2 = 100$，可计算 Z 为
$$Z = \frac{63.5 - 67.0 - 0}{\sqrt{\frac{2.1^2}{100} + \frac{2.2^2}{100}}} = -11.51 < -1.645$$

由此可见，落入拒绝域，所以可认为改革有效.

(2) 由于 σ_1、σ_2 未知，所以采用 t 检验法，检验统计量为
$$T = \frac{(\overline{X} - \overline{Y}) - \delta}{S_\omega \sqrt{\frac{1}{n_1} + \frac{1}{n_2}}}$$

拒绝域 $T < -t_\alpha(n_1 + n_2 - 1)$，由于 $t_{0.05}(198) \approx z_{0.95} = 1.645$，所以拒绝域 $T < -1.645$.

由 $\overline{X} = 63.5, \overline{Y} = 67.0, S_1 = 1.9, S_2 = 2.01, n_1 = 100, n_2 = 100$，可计算：
$$S_\omega^2 = \frac{(n_1 - 1)S_1^2 + (n_2 - 1)S_2^2}{n_1 + n_2 - 2} = \frac{(100-1) \times 1.9^2 + (100-1) \times 2.01^2}{100 + 100 - 2} = 3.83$$
$$T = \frac{(63.5 - 67.0) - 0}{\sqrt{3.83} \times \sqrt{\frac{1}{100} + \frac{1}{100}}} = -12.65 < -1.645$$

由此可见，落入拒绝域，所以可认为改革有效.

第三节 正态总体方差的假设检验

一、单正态总体方差的假设检验

总体 $X \sim N(\mu, \sigma^2)$，$X_1, X_2, \cdots, X_n$ 是来自总体 X 的样本，仅就 μ 未知的情况讨论

σ^2 的假设检验问题. σ^2 的假设检验与 μ 的假设检验类似,只是检验统计量有所不同.

1. 双边假设检验

$H_0: \sigma^2 = \sigma_0^2$, $H_1: \sigma^2 \neq \sigma_0^2$.

在假设 H_0 为真的前提下,σ^2 的无偏估计 S^2 与 σ_0^2 应当相差不大,即 $\dfrac{S^2}{\sigma_0^2}$ 应在 1 附近摆动,如果 $\dfrac{S^2}{\sigma_0^2}$ 过大或过于接近 0,都说明 σ^2 偏离 σ_0^2 过大,有理由否定 H_0,所以拒绝域的形式为 $\dfrac{S^2}{\sigma_0^2} < c$ 或 $\dfrac{S^2}{\sigma_0^2} > d$,$c, d$ 为待定常数,但 $\dfrac{S^2}{\sigma_0^2}$ 的分布不易求出,而 $\dfrac{(n-1)S^2}{\sigma_0^2} \sim \chi^2(n-1)$,$\dfrac{S^2}{\sigma_0^2} < c$ 或 $\dfrac{S^2}{\sigma_0^2} > d$ 可转化为

$$\frac{(n-1)S^2}{\sigma_0^2} < (n-1)c$$

或

$$\frac{(n-1)S^2}{\sigma_0^2} > (n-1)d$$

设 $k_1 = (n-1)c$,$k_2 = (n-1)d$,则拒绝域的形式为

$$\frac{(n-1)S^2}{\sigma_0^2} < k_1$$

或

$$\frac{(n-1)S^2}{\sigma_0^2} > k_2$$

检验统计量为

$$\chi^2 = \frac{(n-1)S^2}{\sigma_0^2}$$

显著水平为 α,所以

$$P\left\{\frac{(n-1)S^2}{\sigma_0^2} < k_1\right\} + P\left\{\frac{(n-1)S^2}{\sigma_0^2} > k_2\right\} = \alpha$$

为计算方便,令

$$P\left\{\frac{(n-1)S^2}{\sigma_0^2} < k_1\right\} = P\left\{\frac{(n-1)S^2}{\sigma_0^2} > k_2\right\} = \frac{\alpha}{2}$$

由此得

$$k_1 = \chi^2_{1-\frac{\alpha}{2}}(n-1), \quad k_2 = \chi^2_{\frac{\alpha}{2}}(n-1)$$

拒绝域为

$$\chi^2 > \chi^2_{\frac{\alpha}{2}}(n-1)$$

或

$$\chi^2 < \chi^2_{1-\frac{\alpha}{2}}(n-1)$$

2. 单边假设检验

(1) $H_0: \sigma^2 \leq \sigma_0^2$,$H_1: \sigma^2 > \sigma_0^2$.

在假设 H_0 为真的前提下，$\dfrac{S^2}{\sigma_0^2}$ 不应过分大，如果 $\dfrac{S^2}{\sigma_0^2}$ 超过 1 过多，则由理由怀疑 H_0 的正确性. 所以拒绝域的形式为

$$\frac{(n-1)S^2}{\sigma_0^2} > k$$

检验统计量为

$$\chi^2 = \frac{(n-1)S^2}{\sigma_0^2} \sim \chi^2(n-1)$$

由

$$P\left\{\frac{(n-1)S^2}{\sigma_0^2} > k\right\} = \alpha$$

可确定

$$k = \chi_\alpha^2(n-1)$$

所以拒绝域为

$$\chi^2 = \frac{(n-1)S^2}{\sigma_0^2} > \chi_\alpha^2(n-1)$$

(2) $H_0: \sigma^2 \geqslant \sigma_0^2, H_1: \sigma^2 < \sigma_0^2$.

分析过程与(1)相同，读者自己推导. 拒绝域为

$$\chi^2 = \frac{(n-1)S^2}{\sigma_0^2} < \chi_{1-\alpha}^2(n-1)$$

综上所述，单正态总体方差的检验如表 8.2 所列.

表 8.2 单正态总体方差的检验

原假设 H_0	备择假设 H_1	其他参数	检验统计量及其分布	拒绝域
$\sigma^2 = \sigma_0^2$	$\sigma^2 \neq \sigma_0^2$			$\chi^2 > \chi_{\frac{\alpha}{2}}^2(n-1)$ 或 $\chi^2 < \chi_{1-\frac{\alpha}{2}}^2(n-1)$
$\sigma^2 \leqslant \sigma_0^2$	$\sigma^2 > \sigma_0^2$	μ 未知	$\chi^2 = \dfrac{(n-1)S^2}{\sigma_0^2} \sim \chi^2(n-1)$	$\chi^2 > \chi_\alpha^2(n-1)$
$\sigma^2 \geqslant \sigma_0^2$	$\sigma^2 < \sigma_0^2$			$\chi^2 < \chi_{1-\alpha}^2(n-1)$

例 8-6 假设食盐自动包装生产线上每袋食盐的净重服从正态分布，规定每袋食盐差不能超过 8g，在一次定期检查中，随机抽取 25 袋食盐，测得样本标准差为 8.5g，问在显著水平 $\alpha = 0.05$ 时能否认为包装机工作是正常的？

解：包装机工作是否正常，即衡量标准差是否超过 8g.

(1) 检验假设 $H_0: \sigma^2 \leqslant 8^2, H_1: \sigma^2 > 8^2$.

(2) 选用统计量

$$\chi^2 = \frac{(n-1)S^2}{\sigma_0^2} \sim \chi^2(n-1)$$

(3) 对 $\alpha = 0.05$,查表得,$\chi^2_{0.05}(24) = 15.507$,拒绝域
$$\chi^2 > \chi^2_\alpha(n-1) = \chi^2_{0.05}(24) = 36.4$$
(4) $\chi^2 = \dfrac{24 \times 8.5^2}{8^2} = 27.09 < 36.4$.

(5) 未落入拒绝域,接受 H_0,即可以认为方差不超过 8g.
包装机工作是正常的.

二、双正态总体方差的假设检验

设 $X_1, X_2, \cdots, X_n$ 是来自总体 X 的样本,$Y_1, Y_2, \cdots, Y_n$ 是来自总体 Y 的样本,其中 $X \sim N(\mu_1, \sigma_1^2), Y \sim N(\mu_2, \sigma_2^2)$,且两样本相互独立,记它们的样本均值分别为 $\overline{X}, \overline{Y}$,样本方差分别为 $S_1^2、S_2^2$,$\mu_1、\mu_2、\sigma_1^2、\sigma_2^2$ 均未知,下面要讨论的是以下三个方面的方差的检验问题:

$H_0: \sigma_1^2 = \sigma_2^2$,$H_1: \sigma_1^2 \neq \sigma_2^2$;
$H_0: \sigma_1^2 \leq \sigma_2^2$,$H_1: \sigma_1^2 > \sigma_2^2$;
$H_0: \sigma_1^2 \geq \sigma_2^2$,$H_1: \sigma_1^2 < \sigma_2^2$.

仅讨论双边假设检验 $H_0: \sigma_1^2 = \sigma_2^2$,$H_1: \sigma_1^2 \neq \sigma_2^2$,另两种情况直接给出拒绝域.

(1) $H_0: \sigma_1^2 = \sigma_2^2, H_1: \sigma_1^2 \neq \sigma_2^2$.

欲估计 $\sigma_1^2、\sigma_2^2$ 的大小关系,自然想到 $\sigma_1^2、\sigma_2^2$ 的无偏估计 $S_1^2、S_2^2$,当 H_0 为真时,$\dfrac{S_1^2}{S_2^2}$ 不会过大也不会很接近 0,如果 $\dfrac{S_1^2}{S_2^2}$ 过大或很接近 0,则有理由怀疑 H_0 的正确性.

而
$$\frac{S_1^2/\sigma_1^2}{S_2^2/\sigma_2^2} \sim F(n_1-1, n_2-1)$$

在 H_0 为真的情况下,有
$$\frac{S_1^2}{S_2^2} \sim F(n_1-1, n_2-1)$$

所以检验统计量选择
$$F = \frac{S_1^2}{S_2^2}, \quad F \sim F(n_1-1, n_2-1)$$

拒绝域的形式为 $\dfrac{S_1^2}{S_2^2} < k_1$ 或 $\dfrac{S_1^2}{S_2^2} > k_2$. 显著水平为 α,所以
$$P\left\{\frac{S_1^2}{S_2^2} < k_1\right\} + P\left\{\frac{S_1^2}{S_2^2} > k_2\right\} = \alpha$$

为计算方便,令
$$P\left\{\frac{S_1^2}{S_2^2} < k_1\right\} = P\left\{\frac{S_1^2}{S_2^2} > k_2\right\} = \frac{\alpha}{2}$$

由分位数的知识可知
$$k_1 = F_{1-\frac{\alpha}{2}}(n_1-1, n_2-1), \quad k_2 = F_{\frac{\alpha}{2}}(n_1-1, n_2-1)$$

所以拒绝域为

$$F = \frac{S_1^2}{S_2^2} < F_{1-\frac{\alpha}{2}}(n_1-1, n_2-1)$$

或

$$F = \frac{S_1^2}{S_2^2} > F_{\frac{\alpha}{2}}(n_1-1, n_2-1)$$

(2) $H_0: \sigma_1^2 \leqslant \sigma_2^2, H_1: \sigma_1^2 > \sigma_2^2$. 拒绝域为

$$F = \frac{S_1^2}{S_2^2} > F_{\alpha}(n_1-1, n_2-1)$$

(3) $H_0: \sigma_1^2 \geqslant \sigma_2^2, H_1: \sigma_1^2 < \sigma_2^2$. 拒绝域为

$$F = \frac{S_1^2}{S_2^2} < F_{1-\alpha}(n_1-1, n_2-1)$$

由于检验所使用的检验统计量服从 F 分布,所以称为 F 检验法.

例 8-7 有甲、乙两车床生产同一型号的滚珠,根据已有经验可以认为,这两台车床生产的滚珠直径都服从正态分布,现在从这两台车床的产品中分别抽取 8 个和 9 个. 经测量甲车床生产滚珠的平均直径为 15.01mm,样本方差为 0.0955mm;乙车床生产滚珠的平均直径为 14.99mm,样本方差为 0.0261. 假设这两个样本相互独立,对显著性水平 $\alpha=0.05$ 检验乙车床产品的方差是否比甲车床的小?

解:由于滚珠直径都服从正态分布,不妨设甲车床生产的滚珠直径为 X, $X \sim N(\mu_1, \sigma_1^2)$;乙车床生产的滚珠直径为 Y, $Y \sim N(\mu_2, \sigma_2^2)$,由题意要验证的是 $\sigma_2^2 < \sigma_1^2$ 是否成立. 故可假设为 $H_0: \sigma_1^2 \leqslant \sigma_2^2$; $H_1: \sigma_1^2 > \sigma_2^2$. 由于 μ_1、μ_2 未知, $n_1=8, n_2=9$,检验统计量为

$$F = \frac{S_1^2}{S_2^2}, \quad F \sim F(7,8)$$

拒绝域为

$$F = \frac{S_1^2}{S_2^2} > F_{0.05}(7,8) = 3.50$$

由 $S_1^2 = 0.0955, S_2^2 = 0.0261$,可计算

$$F = \frac{0.0955}{0.0261} = 3.659 > 3.50$$

由此可见, F 值落入了拒绝域,所以拒绝原假设,乙车床产品的方差确实比甲车床的小.

三、置信区间与假设检验之间的关系

假设检验与区间估计表面上解决的是不同的问题,但它们解决问题的途径、使用的分布都是完全相同的,显然它们之间有着紧密的联系.

区间估计是利用枢轴量来构造一个大概率事件,从而计算出未知参数在某个区间是一个大概率事件,确定出的这个区间就是置信区间. 假设检验则恰好相反,是利用检验统计量来构造一个小概率事件,根据抽样结果,一旦小概率事件发生,则拒绝原假设. 这两类问题都是利用样本对参数做出判断,本质上是相同的,下面以单正态总体均值的双边假设

检验和双侧区间估计为例来说明它们之间的关系.

不妨设 σ^2 已知,给定置信水平为 $1-\alpha$,则 μ 的双侧置信区间为

$$\left(\overline{X}-\frac{\sigma}{\sqrt{n}}z_{\frac{\alpha}{2}},\overline{X}+\frac{\sigma}{\sqrt{n}}z_{\frac{\alpha}{2}}\right)$$

假设检验问题 $H_0:\mu=\mu_0$, $H_1:\mu\neq\mu_0$ 的拒绝域为

$$\left|\frac{\overline{X}-\mu_0}{\sigma/\sqrt{n}}\right|>z_{\frac{\alpha}{2}}$$

则接受域为

$$\left|\frac{\overline{X}-\mu_0}{\sigma/\sqrt{n}}\right|\leqslant z_{\frac{\alpha}{2}} \Rightarrow \overline{X}-\frac{\sigma}{\sqrt{n}}z_{\frac{\alpha}{2}}\leqslant\mu_0\leqslant\overline{X}+\frac{\sigma}{\sqrt{n}}z_{\frac{\alpha}{2}}$$

即 μ_0 的值如果属于 $\left(\overline{X}-\frac{\sigma}{\sqrt{n}}z_{\frac{\alpha}{2}},\overline{X}+\frac{\sigma}{\sqrt{n}}z_{\frac{\alpha}{2}}\right)$,则接受原假设,而这正是 μ 的双侧置信区间.因此,对于 μ 的双边假设检验问题,可以先求出 μ 的双侧置信区间,若 $\mu_0\in\left(\overline{X}-\frac{\sigma}{\sqrt{n}}z_{\frac{\alpha}{2}},\overline{X}+\frac{\sigma}{\sqrt{n}}z_{\frac{\alpha}{2}}\right)$,则接受 H_0,否则拒绝 H_0;反之,欲求 μ 的双侧置信区间,可考虑假设检验的接受域,即为 μ 的双侧置信区间. 其他参数的区间估计与假设检验之间有类似的结论,不再一一赘述.

习 题

1. 假设检验中,如果检验结果是接受原假设,则检验可能犯哪一类错误? 如果检验结果是拒绝原假设,则又有可能犯哪一类错误?

2. 总体 $X\sim N(\mu,\sigma^2)$,对 μ 进行假设检验,如果在显著水平 0.05 下接受 $H_0:\mu=\mu_0$,那么在显著水平 0.01 下,能不能接受 H_0?

3. 某厂生产乐器用合金弦线,其抗拉强度服从均值为 10560kg/cm^2 的正态分布. 现从一批产品中抽取 10 根,测得其抗拉强度为 10512kg/cm^2、10623kg/cm^2、10668kg/cm^2、10554kg/cm^2、10776kg/cm^2、10707kg/cm^2、10557kg/cm^2、10581kg/cm^2、10666kg/cm^2、10670kg/cm^2. 试问在显著水平 $\alpha=0.05$ 下这批产品的抗拉强度有无显著变化?

4. 有一批枪弹,出厂时,其初速 $v\sim N(950,100)(\text{m/s})$,经过较长时间储存,取 9 发进行测试,得样本值为 914m/s、920m/s、910m/s、934m/s、945m/s、912m/s、940m/s、924m/s、953m/s. 据经验,枪弹经储存后其初速仍服从正态分布,且标准差保持不变,问是否可认为这批枪弹的初速有显著降低?

5. 以往一台机器生产的垫圈的平均厚度为 0.050cm,厚度服从正态分布,为了检查这台机器是否处于正常工作状态,现抽取 10 个垫圈,测得其平均厚度为 0.053cm,样本标准差为 0.0032cm,在显著水平 $\alpha=0.05$ 下,检验机器是否处于正常工作状态.

6. 已知某种元件的寿命服从正态分布,要求该元件的平均寿命不低于 1000h,现从这批元件中随机抽取 25 只,测得平均寿命 $\overline{X}=980\text{h}$,标准差 $s=65\text{h}$,试在显著水平 $\alpha=0.05$ 下确定这批元件是否合格?

7. 化肥厂用自动包装机包装化肥,每包的质量服从正态分布,其平均质量为 100kg,标准差为 1.2kg,某日开工后,为了确定这天包装机工作是否正常,随机抽取 9 袋化肥,称得质量(kg)为 99.3、98.7、101.2、100.5、99.5、99.7、98.8、102.1、100.5.设方差稳定不变,问这一天包装机的工作是否正常($\alpha=0.05$)?

8. 某种钢索的断裂强度服从正态分布,其中 $\sigma=40\text{N/cm}^2$,现从一批钢索中抽取 9 根,测得断裂强度的平均值比以往正常生产时的 μ 大 20N/cm^2.设总体方差不变,试问在 $\alpha=0.01$ 下能否认为这批钢索的断裂强度有显著提高.

9. 某纺织厂在正常条件下,每台织布机每小时平均断经线 0.973 根,断经线根数服从正态分布,今在厂内进行革新试验,革新方法在 400 台织布机上试用,测得平均每台每小时平均断经线 0.952 根,标准差为 0.162 根.试问 $\alpha=0.05$ 下革新方法能否推广?

10. 从某锌矿的东、西两支矿脉中,各抽取样本容量为 9 和 8 的样本进行测试,得样本含锌平均数及样本方差:东支 $\overline{x}=0.230$,$s_1^2=0.1337$;西支 $\overline{y}=0.269$,$s_2^2=0.1736$.若东、西两支矿脉的含锌量都服从正态分布且方差相同,试问东、西两支矿脉含锌量的平均值是否可以看作一样($\alpha=0.05$)?

11. 在 20 世纪 70 年代后期人们发现,酿造啤酒时在麦芽的干燥过程中形成致癌物质亚硝基二甲胺.到 80 年代初期开发了一种新的麦芽干燥过程,下面给出分别在老、新两种过程中形成的亚硝基二甲胺含量(以 10 亿份中的份数计).

老过程:6 4 5 5 6 5 5 6 4 6 7 4
新过程:2 1 2 2 1 0 3 2 1 0 1 3

设两样本分别来自正态总体,且两总体的方差相等,两样本独立,分别以 μ_1、μ_2 对应于老、新过程下的总体均值,试在显著水平 $\alpha=0.05$ 下检验假设 H_0:$\mu_1-\mu_2\leqslant 2$,H_1:$\mu_1-\mu_2>2$.

12. 某工厂生产的铜丝折断力服从正态分布 $N(\mu,8^2)$,某日随机抽取了 10 根进行折断力检验,测得平均折断力为 57.5kg,样本方差为 68.16.试问在 $\alpha=0.05$ 下能否认为方差仍为 8^2?

13. 某种导线,要求其电阻的标准差不得超过 0.005Ω.今在生产的一批导线中取样品 9 根,测得 $s=0.007\Omega$,设总体为正态分布,试问在水平 $\alpha=0.05$ 下能认为这种导线的标准差显著地偏大吗?

14. 已知维尼纶纤维在正常条件下服从正态分布,且标准差为 0.048,从某天产品中抽取 5 根纤维,测得其纤度为 1.32、1.55、1.36、1.44、1.40.试问这一天纤度的总体标准差是否正常($\alpha=0.05$)?

15. 电工器材厂生产一批熔丝,抽取 10 根测试其熔化时间,结果(ms)为 42、65、75、78、71、59、57、68、54、55.设熔化时间服从正态分布,试问在显著水平 $\alpha=0.05$ 下是否可以认为整批保险丝的熔化时间的方差小于 64?

16. 某一橡胶配方中,原用氧化锌 5g,现减为 1g,若分别用两种配方做一批实验,5g 配方测 9 个值,得橡胶伸长率的样本方差 $S_1^2=63.86$;1g 配方测 3 个值,橡胶伸长率的样本差 $S_2^2=236.8$.设橡胶伸长率服从正态分布,试问在显著水平 $\alpha=0.1$ 下两种配方的伸长率的总体方差有无显著差异?

17. 有两台机器生产金属部件,分别在两台机器所生产的部件中各取一容量为 13 和 15 的样本,测得部件重量的样本方差为 $s_1^2=9.66, s_2^2=15.46$,设两样本相互独立,且金属部件重量都服从正态分布,总体均值未知,在显著水平 $\alpha=0.05$ 下检验假设 $H_0: \sigma_1^2 \geqslant \sigma_2^2$, $H_1: \sigma_1^2 < \sigma_2^2$.

第九章 回归分析*

在客观世界中,普遍存在着变量之间的关系.数学的一个重要作用就是从数量上来揭示、表达和分析这些关系.而变量之间关系,一般可分为确定的和非确定的两类,确定性关系可用函数关系表示,而非确定性关系则不然.

例如,人的身高和体重的关系、人的血压和年龄的关系,某产品的广告投入与销售额间的关系等,它们之间是有关系的,但是它们之间的关系又不能用普通函数来表示,称这类非确定性关系为相关关系.具有相关关系的变量虽然不具有确定的函数关系,但是可以借助函数关系来表示它们之间的统计规律,这种近似地表示它们之间的相关关系的函数称为回归函数.回归分析是研究两个或两个以上变量相关关系的一种重要的统计方法.

在实际中最简单的情形是由两个变量组成的关系.考虑用下列模型表示 $Y=f(x)$,但是,由于两个变量之间不存在确定的函数关系,因此必须把随机波动考虑进去,故引入模型如下:

$$Y = f(x) + \varepsilon$$

式中:Y 为随机变量;x 为普通变量;ε 为随机变量(称为随机误差).

回归分析就是根据已得的试验结果以及以往的经验来建立统计模型,并研究变量间的相关关系,建立起变量之间关系的近似表达式(经验公式),并由此对相应的变量进行预测和控制等.

第一节 一元线性回归

一、一元线性回归模型

一般地,当随机变量 Y 与普通变量 x 之间有线性关系时,可设

$$Y = \beta_0 + \beta_1 x + \varepsilon \tag{9.1}$$

式中:$\varepsilon \sim N(0, \sigma^2)$;$\beta_0$、$\beta_1$ 为待定系数.

设 $(x_1, Y_1), (x_2, Y_2), \cdots, (x_n, Y_n)$ 是取自总体 (x, Y) 的一组样本,而 (x_1, y_1), $(x_2, y_2), \cdots, (x_n, y_n)$ 是该样本的观察值,在样本和它的观察值中的 $x_1, x_2, \cdots, x_n$ 是取定的不完全相同的数值,而样本中的 $Y_1, Y_2, \cdots, Y_n$ 在试验前为随机变量,在试验或观测后是具体的数值,一次抽样的结果可以取得 n 对数据 $(x_1, y_1), (x_2, y_2), \cdots, (x_n, y_n)$,则有

$$y_i = \beta_0 + \beta_1 x_i + \varepsilon_i, \ i = 1, 2, \cdots, n \tag{9.2}$$

式中:$\varepsilon_1, \varepsilon_2, \cdots, \varepsilon_n$ 相互独立.

在线性模型中,由假设知

$$Y \sim N(\beta_0 + \beta_1 x, \sigma^2), \ E(Y) = \beta_0 + \beta_1 x \tag{9.3}$$

回归分析就是根据样本观察值寻求 β_0、β_1 的估计 $\hat{\beta}_0$、$\hat{\beta}_1$.

对于给定 x 值,取
$$\hat{Y} = \hat{\beta}_0 + \hat{\beta}_1 x \tag{9.4}$$

作为 $E(Y)=\beta_0+\beta_1 x$ 的估计,方程(9.4)称为 Y 关于 x 的线性回归方程或经验公式,其图像称为回归直线. $\hat{\beta}_1$ 称为回归系数.

二、最小二乘估计

对样本的一组观察值 $(x_1,y_1),(x_2,y_2),\cdots,(x_n,y_n)$,对每个 x_i,由线性回归方程式(9.4)可以确定一回归值,即
$$\hat{y}_i = \hat{\beta}_0 + \hat{\beta}_1 x_i$$

这个回归值 $\hat{y}_i$ 与实际观察值 y_i 之差
$$y_i - \hat{y}_i = y_i - \hat{\beta}_0 + \hat{\beta}_1 x_i$$

刻画了 y_i 与回归直线 $\hat{y}=\hat{\beta}_0+\hat{\beta}_1 x$ 的偏离度. 一个自然的想法就是:对所有 x_i,若 y_i 与 $\hat{y}_i$ 的偏离越小,则认为直线与所有试验点拟和得越好.

令
$$Q(\beta_0,\beta_1) = \sum_{i=1}^{n}(y_i - \beta_0 - \beta_1 x_i)^2$$

上式表示所有观察值 y_i 与回归直线 $\hat{y}_i$ 的偏离平方和,刻画了所有观察值与回归直线的偏离度. 最小二乘法就是寻求 β_0 与 β_1 的估计 $\hat{\beta}_0$、$\hat{\beta}_1$,使 $Q(\hat{\beta}_0,\hat{\beta}_1)=\min Q(\beta_0,\beta_1)$.

利用微分方法,求 Q 关于 β_0、β_1 的偏导数,并令其为 0,得
$$\begin{cases} \dfrac{\partial Q}{\partial \beta_0} = -2\sum_{i=1}^{n}(y_i - \beta_0 - \beta_1 x_i) = 0 \\ \dfrac{\partial Q}{\partial \beta_1} = -2\sum_{i=1}^{n}(y_i - \beta_0 - \beta_1 x_i)x_i = 0 \end{cases}$$

整理,得
$$\begin{cases} n\beta_0 + \left(\sum_{i=1}^{n} x_i\right)\beta_1 = \sum_{i=1}^{n} y_i \\ \left(\sum_{i=1}^{n} x_i\right)\beta_0 + \left(\sum_{i=1}^{n} x_i^2\right)\beta_1 = \sum_{i=1}^{n} x_i y_i \end{cases}$$

称此为正规方程组. 解正规方程组,得
$$\begin{cases} \hat{\beta}_0 = \bar{y} - \bar{x}\hat{\beta}_1 \\ \hat{\beta}_1 = \dfrac{\sum\limits_{i=1}^{n} x_i y_i - n\bar{x}\bar{y}}{\sum\limits_{i=1}^{n} x_i^2 - n\bar{x}^2} \end{cases} \tag{9.5}$$

其中
$$\bar{x} = \frac{1}{n}\sum_{i=1}^{n} x_i, \bar{y} = \frac{1}{n}\sum_{i=1}^{n} y_i$$

若记
$$L_{xy} \stackrel{\text{def}}{=} \sum_{i=1}^{n}(x_i - \bar{x})(y_i - \bar{y}) = \sum_{i=1}^{n} x_i y_i - n\bar{x}\bar{y}$$

$$L_{xx} \stackrel{\text{def}}{=} \sum_{i=1}^{n}(x_i - \bar{x})^2 = \sum_{i=1}^{n} x_i^2 - n\bar{x}^2$$

则
$$\begin{cases} \hat{\beta}_0 = \bar{y} - \bar{x}\hat{\beta}_1 \\ \hat{\beta}_1 = \dfrac{L_{xy}}{L_{xx}} \end{cases} \tag{9.6}$$

方程组(9.5)或方程组(9.6)叫做 β_0、β_1 的最小二乘估计. 而
$$\hat{Y} = \hat{\beta}_0 + \hat{\beta}_1 x$$

为 Y 关于 x 的一元经验回归方程.

定理 9.1 若 $\hat{\beta}_0$、$\hat{\beta}_1$ 为 β_0、β_1 的最小二乘估计,则 $\hat{\beta}_0$、$\hat{\beta}_1$ 分别是 β_0、β_1 的无偏估计,且

$$\hat{\beta}_0 \sim N\left(\beta_0, \sigma^2\left(\frac{1}{n} + \frac{\bar{x}^2}{L_{xx}}\right)\right), \hat{\beta}_1 \sim N\left(\beta_1, \frac{\sigma^2}{L_{xx}}\right) \tag{9.7}$$

三、回归方程的显著性检验

前面关于线性回归方程 $\hat{y} = \hat{\beta}_0 + \hat{\beta}_1 x$ 的讨论是在线性假设 $Y = \beta_0 + \beta_1 x + \varepsilon, \varepsilon \sim N(0, \sigma^2)$ 下进行的. 这个线性回归方程是否有实用价值,首先要根据有关专业知识和实践来判断,其次还要根据实际观察得到的数据运用假设检验的方法来判断.

由线性回归模型 $Y = \beta_0 + \beta_1 x + \varepsilon, \varepsilon \sim N(0, \sigma^2)$ 可知,当 $\beta_1 = 0$ 时,就认为 Y 与 x 之间不存在线性回归关系,故需检验如下假设:
$$H_0: \beta_1 = 0, \quad H_1: \beta_1 \neq 0$$

为了检验假设 H_0,先分析对样本观察值 $y_1, y_2, \cdots, y_n$ 的差异,它可以用总的偏差平方和来度量,记为
$$S_\text{总} = \sum_{i=1}^{n}(y_i - \bar{y})^2$$

由正规方程组,有
$$S_\text{总} = \sum_{i=1}^{n}(y_i - \hat{y}_i + \hat{y}_i - \bar{y})^2$$
$$= \sum_{i=1}^{n}(y_i - \hat{y}_i)^2 + 2\sum_{i=1}^{n}(y_i - \hat{y}_i)(\hat{y}_i - \bar{y}) + \sum_{i=1}^{n}(\hat{y}_i - \bar{y})^2$$
$$= \sum_{i=1}^{n}(y_i - \hat{y}_i)^2 + \sum_{i=1}^{n}(\hat{y}_i - \bar{y})^2$$

令

$$S_{回} = \sum_{i=1}^{n}(\hat{y}_i - \bar{y})^2, \quad S_{剩} = \sum_{i=1}^{n}(y_i - \hat{y}_i)^2$$

则有
$$S_{总} = S_{剩} + S_{回}$$

上式称为总偏差平方和分解公式. $S_{回}$ 称为回归平方和,它是由普通变量 x 的变化引起的,其大小(在与误差相比下)反映了普遍变量 x 的重要程度;$S_{剩}$ 称为剩余平方和,它是由试验误差以及其他未加控制因素引起的,其大小反映了试验误差及其他因素对试验结果的影响. $S_{回}$ 和 $S_{剩}$ 有下面的性质:

定理 9.2 在线性模型假设下,当 H_0 成立时,$\hat{\beta}_1$ 与 $S_{剩}$ 相互独立,且
$$S_{剩}/\sigma^2 \sim \chi^2(n-2), \quad S_{回}/\sigma^2 \sim \chi^2(1)$$

对 H_0 的检验有 3 种本质相同的检验方法,即 T 检验法、F 检验法、相关系数检验法. 在介绍这些检验方法之前,先给出 $S_{总}$、$S_{回}$、$S_{剩}$ 的计算方法:

$$S_{总} = \sum_{i=1}^{n}(y_i - \bar{y})^2 = \sum_{i=1}^{n}y_i^2 - n\bar{y}^2 \underline{\underline{\text{def}}} L_{yy}$$

$$S_{回} = \hat{\beta}_1^2 L_{xx} = \hat{\beta}_1 L_{xy} \quad S_{剩} = L_{yy} - \hat{\beta}_1 L_{xy}$$

1. T 检验法

由定理 9.1, $(\hat{\beta}_1 - \beta_1)/(\sigma/\sqrt{L_{xx}}) \sim N(0,1)$,若令 $\hat{\sigma}^2 = S_{剩}/(n-2)$,则由定理 9.2 知,$\hat{\sigma}$ 为 σ^2 的无偏估计,$\dfrac{(n-2)\hat{\sigma}^2}{\sigma^2} = \dfrac{S_{剩}}{\sigma^2} \sim \chi^2(n-2)$,且 $(\hat{\beta}_1 - \beta_1)/(\sigma/\sqrt{L_{xx}})$ 与 $(n-2)\hat{\sigma}^2/\sigma^2$ 相互独立. 故取检验统计量 $T = \dfrac{\hat{\beta}_1}{\hat{\sigma}}\sqrt{L_{xx}} \sim t(n-2)$.

由给定的显著性水平 α,查表得 $t_{\frac{\alpha}{2}}(n-2)$,根据试验数据 $(x_1, y_1), (x_2, y_2), \cdots, (x_n, y_n)$ 计算 T 的值 t,当 $|t| > t_{\frac{\alpha}{2}}(n-2)$ 时,拒绝 H_0,这时回归效应显著;当 $|t| \leqslant t_{\frac{\alpha}{2}}(n-2)$ 时,接受 H_0,此时回归效果不显著.

2. F 检验法

由定理 9.2,当 H_0 为真时,取统计量
$$F = \frac{S_{回}}{S_{剩}/(n-2)} \sim F(1, n-2)$$

由给定显著性水平 α,查表得 $F_\alpha(1, n-2)$,根据试验数据 $(x_1, y_1), (x_2, y_2), \cdots, (x_n, y_n)$ 计算 F 的值,若 $F > F_\alpha(1, n-2)$ 时,拒绝 H_0,表明回归效果显著;若 $F \leqslant F_\alpha(1, n-2)$ 时,接受 H_0,此时回归效果不显著.

3. 相关系数检验法

由第四章知,相关系数的大小可以表示两个随机变量线性关系的密切程度. 对于线性回归中的变量 x 与 Y,其样本的相关系数为

$$\rho = \frac{\sum_{i=1}^{n}(x_i - \bar{x})(Y_i - \bar{Y})}{\sqrt{\sum_{i=1}^{n}(x_i - \bar{x})^2 \sum_{i=1}^{n}(Y_i - \bar{Y})^2}} = \frac{L_{xy}}{\sqrt{L_{xx}}\sqrt{L_{yy}}}$$

它反映了普通变量 x 与随机变量 Y 之间的线性相关程度,故取检验统计量

$$r = \frac{L_{xy}}{\sqrt{L_{xx}}\sqrt{L_{yy}}}$$

对给定的显著性水平 α,查相关系数表得 $r_\alpha(n)$,根据试验数据 $(x_1,y_1),(x_2,y_2),\cdots,(x_n,y_n)$ 计算 r 的值,当 $|r|>r_\alpha(n)$ 时,拒绝 H_0,表明回归效果显著;当 $|r|\leqslant r_\alpha(n)$ 时,接受 H_0,表明回归效果不显著.

第二节 多元线性回归

在许多实际问题中,常常会遇到要研究一个随机变量与多个变量之间的相关关系,例如,某种产品的销售额不仅受到投入的广告费用的影响,通常还与产品的价格、消费者的收入状况、社会保有量以及其他可替代产品的价格等诸多因素有关.研究这种一个随机变量同其他多个变量之间的关系的主要方法是运用多元回归分析,多元线性回归分析是一元线性回归分析的自然推广形式,两者在参数估计、显著性检验等方面非常相似.本节只简单介绍多元线性回归的数学模型及其最小二乘估计.

一、多元线性回归模型

设影响因变量 Y 的自变量个数为 P,并分别记为 $x_1,x_2,\cdots,x_p$.所谓多元线性模型是指这些自变量对 Y 的影响是线性的,即

$$Y = \beta_0 + \beta_1 x_1 + \beta_2 x_2 + \cdots + \beta_p x_p + \varepsilon, \varepsilon \sim N(0,\sigma^2)$$

式中:$\beta_0,\beta_1,\beta_2,\cdots,\beta_p$ 及 σ^2 为与 $x_1,x_2,\cdots,x_p$ 无关的未知参数;Y 为对自变量 $x_1,x_2,\cdots,x_p$ 的线性回归函数.

记 n 组样本分别是 $x_{i1},x_{i2},\cdots,x_{ip},y_i(i=1,2,\cdots,n)$,则有

$$\begin{cases} y_1 = \beta_0 + \beta_1 x_{11} + \beta_2 x_{12} + \cdots + \beta_p x_{1p} + \varepsilon_1 \\ y_2 = \beta_0 + \beta_1 x_{21} + \beta_2 x_{22} + \cdots + \beta_p x_{2p} + \varepsilon_2 \\ \quad\vdots \\ y_n = \beta_0 + \beta_1 x_{n1} + \beta_2 x_{n2} + \cdots + \beta_p x_{np} + \varepsilon_n \end{cases}$$

式中:$\varepsilon_1,\varepsilon_2,\cdots,\varepsilon_n$ 相互独立,且 $\varepsilon_i \sim N(0,\sigma^2)(i=1,2,\cdots,n)$,这个模型称为多元线性回归的数学模型.

令

$$\boldsymbol{Y} = \begin{pmatrix} y_1 \\ y_2 \\ \vdots \\ y_n \end{pmatrix}, \boldsymbol{X} = \begin{pmatrix} 1 & x_{11} & x_{12} & \cdots & x_{1p} \\ 1 & x_{21} & x_{22} & \cdots & x_{2p} \\ \vdots & \vdots & \vdots & & \vdots \\ 1 & x_{n1} & x_{n2} & \cdots & x_{np} \end{pmatrix}, \boldsymbol{\beta} = \begin{pmatrix} \beta_0 \\ \beta_1 \\ \vdots \\ \beta_p \end{pmatrix}, \boldsymbol{\varepsilon} = \begin{pmatrix} \varepsilon_1 \\ \varepsilon_2 \\ \vdots \\ \varepsilon_n \end{pmatrix}$$

则上述数学模型可用矩阵形式表示为

$$\boldsymbol{Y} = \boldsymbol{X\beta} + \boldsymbol{\varepsilon}$$

式中:$\boldsymbol{\varepsilon}$ 为 n 维随机向量,它的分量相互独立.

二、最小二乘估计

与一元线性回归类似,采用最小二乘法估计参数 $\beta_0, \beta_1, \beta_2, \cdots, \beta_p$,引入偏差平方和

$$Q(\beta_0, \beta_1, \cdots, \beta_p) = \sum_{i=1}^{n}(y_i - \beta_0 - \beta_1 x_{i1} - \beta_2 x_{i2} - \cdots - \beta_p x_{ip})^2$$

最小二乘估计就是求 $\hat{\boldsymbol{\beta}} = (\hat{\beta}_0, \hat{\beta}_1, \cdots, \hat{\beta}_p)^T$,使得

$$\min_{\boldsymbol{\beta}} Q(\hat{\beta}_0, \hat{\beta}_1, \cdots, \hat{\beta}_p) = Q(\hat{\beta}_0, \hat{\beta}_1, \cdots, \hat{\beta}_p)$$

因为 $Q(\beta_0, \beta_1, \cdots, \beta_p)$ 是 $\beta_0, \beta_1, \cdots, \beta_p$ 的非负二次型,故其最小值一定存在. 根据多元微积分的极值原理,令

$$\begin{cases} \dfrac{\partial Q}{\partial \beta_0} = -2 \sum_{i=1}^{n}(y_i - \beta_0 - \beta_1 x_{i1} - \cdots - \beta_p x_{ip}) = 0 \\ \dfrac{\partial Q}{\partial \beta_j} = -2 \sum_{i=1}^{n}(y_i - \beta_0 - \beta_1 x_{i1} - \cdots - \beta_p x_{ip}) x_{ij} = 0 \end{cases} \quad (j=1,2,\cdots,p)$$

上述方程组称为正规方程组,可用矩阵表示为

$$\boldsymbol{X}^T \boldsymbol{X} \boldsymbol{\beta} = \boldsymbol{X}^T \boldsymbol{Y}$$

在系数矩阵 $\boldsymbol{X}^T \boldsymbol{X}$ 满秩的条件下,解得

$$\hat{\boldsymbol{\beta}} = (\boldsymbol{X}^T \boldsymbol{X})^{-1} \boldsymbol{X}^T \boldsymbol{Y}$$

$\hat{\boldsymbol{\beta}}$ 就是 $\boldsymbol{\beta}$ 的最小二乘估计,即 $\hat{\boldsymbol{\beta}}$ 为回归方程

$$\hat{y} = \hat{\beta}_0 + \hat{\beta}_1 x_1 + \cdots + \hat{\beta}_p x_p$$

的回归系数.

注:实际应用中,因多元线性回归所涉及的数据量较大,相关分析与计算较复杂,通常采用统计分析软件 SPSS 或 SAS 完成,有兴趣的读者可进一步参考相关资料.

习 题

1. 考察温度对产量的影响,测得下表 10 组数据:

温度 $x/℃$	20	25	30	35	40	45	50	55	60	65
产量 y/kg	13.2	15.1	16.4	17.1	17.9	18.7	19.6	21.2	22.5	24.3

(1) 求经验回归方程 $\hat{y} = \hat{\beta}_0 + \hat{\beta}_1 x$;
(2) 检验回归的显著性($\alpha = 0.05$).

2. 某种合成纤维的强度与其拉伸倍数有关. 下表是 24 个纤维样品的强度与相应的拉伸倍数的实测记录. 试求这两个变量间的经验公式.

编号	1	2	3	4	5	6	7	8	9	10	11	12
拉伸倍数 x	1.9	2.0	2.1	2.5	2.7	2.7	3.5	3.5	4.0	4.0	4.5	4.6
强度 y/MPa	1.4	1.3	1.8	2.5	2.8	2.5	3.0	2.7	4.0	3.5	4.2	3.5
编号	13	14	15	16	17	18	19	20	21	22	23	24
拉伸倍数 x	5.0	5.2	6.0	6.3	6.5	7.1	8.0	8.0	8.9	9.0	9.5	10.0
强度 y/MPa	5.5	5.0	5.5	6.4	6.0	5.3	6.5	7.0	8.5	8.0	8.1	8.1

3. 某市居民货币收入与购买消费品支出数据如下表.

货币收入 x/亿元	11.6	12.9	13.7	14.6	14.4	16.5	18.2	19.8
消费支出 y/亿元	10.4	11.5	12.4	13.1	13.2	14.5	15.8	17.2

试求 y 对 x 的样本线性回归方程 $\hat{y}=\hat{a}+\hat{b}x$.

4. 为了确定某种商品供应量 y 与价格 x 之间的关系,现取 10 对数据作为样本,算得平均价格为 $\bar{x}=8$ 元,平均供给量 $\bar{y}=50$ kg,且 $\sum_{i=1}^{10}x_i^2=840, \sum_{i=1}^{10}y_i^2=33700, \sum_{i=1}^{10}x_iy_i=5260$.

(1) 试建立供给量 y 对价格 x 的线性回归方程 $\hat{y}=\hat{a}+\hat{b}x$;

(2) 对所建立的线性回归方程进行显著性检验($\alpha=0.05$).

5. 电容器充电达某电压值时为时间的计算原点,此后电容器串联一电阻放电,测定各时刻的电压 u,测量结果如下:

时间 t/s	0	1	2	3	4	5	6	7	8	9	10
电压 u/V	100	75	55	40	30	20	15	10	10	5	5

若 u 与 t 关系为 $u=u_0 e^{-ct}$,其中 u_0,c 未知,求 u 对 t 的回归方程.

附 录

附表 1 泊松分布表

$$P\{\xi=m\}=\frac{\lambda^m}{m!}e^{-\lambda}$$

m \ λ	0.1	0.2	0.3	0.4	0.5	0.6	0.7	0.8	0.9	1.0	1.5	2.0	2.5	3.0
0	0.9048	0.8187	0.7408	0.6703	0.6065	0.5488	0.4966	0.4493	0.4066	0.3679	0.2231	0.1353	0.0821	0.0498
1	0.0905	0.1637	0.2223	0.2681	0.3033	0.3293	0.3476	0.3595	0.3659	0.3679	0.3347	0.2707	0.2052	0.1494
2	0.0045	0.0164	0.0333	0.0536	0.0758	0.0988	0.1216	0.1438	0.1647	0.1839	0.2510	0.2707	0.2565	0.2240
3	0.0002	0.0011	0.0033	0.0072	0.0126	0.0198	0.0284	0.0383	0.0494	0.0613	0.1255	0.1805	0.2138	0.2240
4		0.0001	0.0003	0.0007	0.0016	0.0030	0.0050	0.0077	0.0111	0.0153	0.0471	0.0902	0.1336	0.1681
5				0.0001	0.0002	0.0003	0.0007	0.0012	0.0020	0.0031	0.0141	0.0361	0.0668	0.1008
6							0.0001	0.0002	0.0003	0.0005	0.0035	0.0120	0.0278	0.0504
7										0.0001	0.0008	0.0034	0.0099	0.0216
8											0.0002	0.0009	0.0031	0.0081
9												0.0002	0.0009	0.0027
10													0.0002	0.0008
11													0.0001	0.0002
12														0.0001

m \ λ	3.5	4.0	4.5	5	6	7	8	9	10	11	12	13	14	15
0	0.0302	0.0183	0.0111	0.0067	0.0025	0.0009	0.0003	0.0001						
1	0.1057	0.0733	0.0500	0.0337	0.0149	0.0064	0.0027	0.0011	0.0004	0.0002	0.0001			
2	0.1850	0.1465	0.1125	0.0842	0.0446	0.0223	0.0107	0.0050	0.0023	0.0010	0.0004	0.0002	0.0001	
3	0.2158	0.1954	0.1687	0.1404	0.0892	0.0521	0.0286	0.0150	0.0076	0.0037	0.0018	0.0008	0.0004	0.0002
4	0.1888	0.1954	0.1898	0.1755	0.1339	0.0912	0.0573	0.0337	0.0189	0.0102	0.0053	0.0027	0.0013	0.0006
5	0.1322	0.1563	0.1708	0.1755	0.1606	0.1277	0.0916	0.0607	0.0378	0.0224	0.0127	0.0071	0.0037	0.0019
6	0.0771	0.1042	0.1281	0.1462	0.1606	0.1490	0.1221	0.0911	0.0631	0.0411	0.0255	0.0151	0.0087	0.0048
7	0.0385	0.0595	0.0824	0.1044	0.1377	0.1490	0.1396	0.1171	0.0901	0.0646	0.0437	0.0281	0.0174	0.0104
8	0.0169	0.0298	0.0463	0.0653	0.1033	0.1304	0.1396	0.1318	0.1126	0.0888	0.0655	0.0457	0.0304	0.0195

(续)

m \ λ	3.5	4.0	4.5	5	6	7	8	9	10	11	12	13	14	15
9	0.0065	0.0053	0.0232	0.0363	0.0688	0.1014	0.1241	0.1318	0.1251	0.1085	0.0874	0.0660	0.0473	0.0324
10	0.0023	0.0053	0.0104	0.0181	0.0413	0.0710	0.0993	0.1186	0.1251	0.1194	0.1048	0.0859	0.0663	0.0486
11	0.0007	0.0019	0.0043	0.0082	0.0225	0.0452	0.0722	0.0970	0.1137	0.1194	0.1144	0.1015	0.0843	0.0663
12	0.0002	0.0006	0.0015	0.0034	0.0113	0.0264	0.0481	0.0728	0.0948	0.1094	0.1144	0.1099	0.0984	0.0828
13	0.0001	0.0002	0.0006	0.0013	0.0052	0.0142	0.0296	0.0504	0.0729	0.0926	0.1056	0.1099	0.1061	0.0956
14		0.0001	0.0002	0.0005	0.0023	0.0071	0.0169	0.0324	0.0521	0.0728	0.0905	0.1021	0.1061	0.1025
15			0.0001	0.0002	0.0009	0.0033	0.0090	0.0194	0.0347	0.0533	0.0724	0.0885	0.0989	0.1025
16				0.0001	0.0003	0.0015	0.0045	0.0109	0.0217	0.0367	0.0543	0.0719	0.0865	0.0960
17					0.0001	0.0006	0.0021	0.0058	0.0128	0.0237	0.0383	0.0551	0.0713	0.0847
18						0.0002	0.0010	0.0029	0.0071	0.0145	0.0255	0.0397	0.0554	0.0706
19						0.0001	0.0004	0.0014	0.0037	0.0084	0.0161	0.0272	0.0408	0.0557
20							0.0002	0.0006	0.0019	0.0046	0.0097	0.0177	0.0286	0.0418
21							0.0001	0.0003	0.0009	0.0024	0.0055	0.0109	0.0191	0.0299
22								0.0001	0.0004	0.0013	0.0030	0.0065	0.0122	0.0204
23									0.0002	0.0006	0.0016	0.0036	0.0074	0.0133
24									0.0001	0.0003	0.0008	0.0020	0.0043	0.0083
25										0.0001	0.0004	0.0011	0.0024	0.0050
26											0.0002	0.0005	0.0013	0.0029
27											0.0001	0.0002	0.0007	0.0017
28												0.0001	0.0003	0.0009
29													0.0002	0.0004
30													0.0001	0.0002
31														0.0001

(续)

		$\lambda=20$					$\lambda=30$			
m	p	m	p	m	p	m	p	m	p	m	p
5	0.0001	20	0.0889	35	0.0007	10		25	0.0511	40	0.0139
6	0.0002	21	0.0846	36	0.0004	11		26	0.0590	41	0.0102
7	0.0006	22	0.0769	37	0.0002	12	0.0001	27	0.0655	42	0.0073
8	0.0013	23	0.0669	38	0.0001	13	0.0002	28	0.0702	43	0.0051
9	0.0029	24	0.0557	39	0.0001	14	0.0005	29	0.0727	44	0.0035
10	0.0058	25	0.0446			15	0.0010	30	0.0727	45	0.0023
11	0.0106	26	0.0343			16	0.0019	31	0.0703	46	0.0015
12	0.0176	27	0.0254			17	0.0034	32	0.0659	47	0.0010
13	0.0271	28	0.0183			18	0.0057	33	0.0599	48	0.0006
14	0.0382	29	0.0125			19	0.0089	34	0.0529	49	0.0004
15	0.0517	30	0.0083			20	0.0134	35	0.0453	50	0.0002
16	0.0646	31	0.0054			21	0.0192	36	0.0378	51	0.0001
17	0.0760	32	0.0034			22	0.0261	37	0.0306	52	0.0001
18	0.0844	33	0.0021			23	0.0341	38	0.0242		
19	0.0889	34	0.0012			24	0.0426	39	0.0186		
		$\lambda=40$					$\lambda=50$			
m	p	m	p	m	p	m	p	m	p	m	p
15		35	0.0485	55	0.0043	25		45	0.0458	65	0.0063
16		36	0.0539	56	0.0031	26	0.0001	46	0.0498	66	0.0048
17		37	0.0583	57	0.0022	27	0.0001	47	0.0530	67	0.0036
18	0.0001	38	0.0614	58	0.0015	28	0.0002	48	0.0552	68	0.0026
19	0.0001	39	0.0629	59	0.0010	29	0.0004	49	0.0564	69	0.0019
20	0.0002	40	0.0629	60	0.0007	30	0.0007	50	0.0564	70	0.0014
21	0.0004	41	0.0614	61	0.0005	31	0.0011	51	0.0552	71	0.0010
22	0.0007	42	0.0585	62	0.0003	32	0.0017	52	0.0531	72	0.0007
23	0.0012	43	0.0544	63	0.0002	33	0.0026	53	0.0501	73	0.0005
24	0.0019	44	0.0495	64	0.0001	34	0.0038	54	0.0464	74	0.0003
25	0.0031	45	0.0440	65	0.0001	35	0.0054	55	0.0422	75	0.0002
26	0.0047	46	0.0382			36	0.0075	56	0.0377	76	0.0001
27	0.0070	47	0.0325			37	0.0102	57	0.0330	77	0.0001
28	0.0100	48	0.0271			38	0.0134	58	0.0285	78	0.0001
29	0.0139	49	0.0221			39	0.0172	59	0.0241		
30	0.0185	50	0.0177			40	0.0215	60	0.0201		
31	0.0238	51	0.0139			41	0.0262	61	0.0165		
32	0.0298	52	0.0107			42	0.0312	62	0.0133		
33	0.0361	53	0.0081			43	0.0363	63	0.0106		
34	0.0425	54	0.0060			44	0.0412	64	0.0082		

附表2 标准正态分布表

$$\phi(x) = \int_{-\infty}^{x} \frac{1}{\sqrt{2\pi}} e^{-u^2/2} du$$

$$\phi(-x) = 1 - \phi(x)$$

x \ $\phi(x)$	0.00	0.01	0.02	0.03	0.04	0.05	0.06	0.07	0.08	0.09
0.0	0.5000	0.5040	0.5080	0.5120	0.5160	0.5199	0.5239	0.5279	0.5319	0.5359
0.1	0.5398	0.5438	0.5478	0.5517	0.5557	0.5596	0.5636	0.5675	0.5714	0.5753
0.2	0.5793	0.5832	0.5871	0.5910	0.5948	0.5987	0.6026	0.6064	0.6103	0.6141
0.3	0.6179	0.6217	0.6255	0.6293	0.6331	0.6368	0.6406	0.6443	0.6480	0.6517
0.4	0.6554	0.6591	0.6628	0.6664	0.6700	0.6736	0.6772	0.6808	0.6844	0.6879
0.5	0.6915	0.6950	0.6985	0.7019	0.7054	0.7088	0.7123	0.7157	0.7190	0.7224
0.6	0.7257	0.7291	0.7324	0.7357	0.7389	0.7422	0.7454	0.7486	0.7517	0.7549
0.7	0.7580	0.7611	0.7642	0.7673	0.7703	0.7734	0.7764	0.7794	0.7823	0.7852
0.8	0.7881	0.7910	0.7939	0.7967	0.7995	0.8023	0.8051	0.8078	0.8106	0.8133
0.9	0.8159	0.8186	0.8212	0.8238	0.8264	0.8289	0.8315	0.8340	0.8365	0.8389
1.0	0.8413	0.8438	0.8461	0.8485	0.8508	0.8531	0.8554	0.8577	0.8599	0.8621
1.1	0.8643	0.8665	0.8686	0.8708	0.8729	0.8749	0.8770	0.8790	0.8810	0.8830
1.2	0.8849	0.8869	0.8888	0.8907	0.8925	0.8944	0.8962	0.8980	0.8997	0.9015
1.3	0.9032	0.9049	0.9066	0.9082	0.9099	0.9115	0.9131	0.9147	0.9162	0.9177
1.4	0.9192	0.9207	0.9222	0.9236	0.9251	0.9265	0.9278	0.9292	0.9306	0.9319
1.5	0.9332	0.9345	0.9357	0.9370	0.9382	0.9394	0.9406	0.9418	0.9430	0.9441
1.6	0.9452	0.9463	0.9474	0.9484	0.9495	0.9505	0.9515	0.9525	0.9535	0.9545
1.7	0.9554	0.9564	0.9573	0.9582	0.9591	0.9599	0.9608	0.9616	0.9625	0.9633
1.8	0.9641	0.9648	0.9656	0.9664	0.9671	0.9678	0.9686	0.9693	0.9700	0.9706
1.9	0.9713	0.9719	0.9726	0.9732	0.9738	0.9744	0.9750	0.9756	0.9762	0.9767
2.0	0.9772	0.9778	0.9783	0.9788	0.9793	0.9798	0.9803	0.9808	0.9812	0.9817
2.1	0.9821	0.9826	0.9830	0.9834	0.9838	0.9842	0.9846	0.9850	0.9854	0.9857
2.2	0.9861	0.9864	0.9868	0.9871	0.9874	0.9878	0.9881	0.9884	0.9887	0.9890
2.3	0.9893	0.9896	0.9898	0.9901	0.9904	0.9906	0.9909	0.9911	0.9913	0.9916
2.4	0.9918	0.9920	0.9922	0.9925	0.9927	0.9929	0.9931	0.9932	0.9934	0.9936
2.5	0.9938	0.9940	0.9941	0.9943	0.9945	0.9946	0.9948	0.9949	0.9951	0.9952
2.6	0.9953	0.9955	0.9956	0.9957	0.9959	0.9960	0.9961	0.9962	0.9963	0.9964
2.7	0.9965	0.9966	0.9967	0.9968	0.9969	0.9970	0.9971	0.9972	0.9973	0.9974
2.8	0.9974	0.9975	0.9976	0.9977	0.9977	0.9978	0.9979	0.9979	0.9980	0.9981
2.9	0.9981	0.9982	0.9982	0.9983	0.9984	0.9984	0.9985	0.9985	0.9986	0.9986
3.0	0.9987	0.9990	0.9993	0.9995	0.9997	0.9998	0.9998	0.9999	0.9999	1.0000

注：最后一行自左至右依次是 $\phi(3.0), \cdots, \phi(3.9)$ 的值

附表3 t 分布表

$$P\{t(k) > t_\alpha\} = \alpha$$

k \ α	0.25	0.10	0.05	0.025	0.01	0.005
1	1.0000	3.0777	6.3138	12.7062	31.8207	63.6574
2	0.8165	1.8856	2.9200	4.3207	6.9646	9.9248
3	0.7649	1.6377	2.3534	3.1824	4.5407	5.8409
4	0.7407	1.5332	2.1318	2.7764	3.7469	4.6041
5	0.7267	1.4759	2.0150	2.5706	3.3649	4.0322
6	0.7176	1.4398	1.9432	2.4469	3.1427	3.7074
7	0.7111	1.4149	1.8946	2.3646	2.9980	3.4995
8	0.7064	1.3968	1.8595	2.3060	2.8965	3.3554
9	0.7027	1.3830	1.8331	2.2622	2.8214	3.2498
10	0.6998	1.3722	1.8125	2.2281	2.7638	3.1693
11	0.6974	1.3634	1.7959	2.2010	2.7181	3.1058
12	0.6955	1.3562	1.7823	2.1788	2.6810	3.0545
13	0.6938	1.3502	1.7709	2.1604	2.6503	3.0123
14	0.6924	1.3450	1.7613	2.1448	2.6245	2.9768
15	0.6912	1.3406	1.7531	2.1315	2.6025	2.9467
16	0.6901	1.3368	1.7459	2.1199	2.5835	2.9028
17	0.6892	1.3334	1.7396	2.1098	2.5669	2.8982
18	0.6884	1.3304	1.7341	2.1009	2.5524	2.8784
19	0.6876	1.3277	1.7291	2.0930	2.5395	2.8609
20	0.6870	1.3253	1.7247	2.0860	2.5280	2.8453
21	0.6864	1.3232	1.7207	2.0796	2.5177	2.8314
22	0.6858	1.3212	1.7171	2.0739	2.5083	2.8188
23	0.6853	1.3195	1.7139	2.0687	2.4999	2.8073
24	0.6848	1.3178	1.7109	2.0639	2.4922	2.7969
25	0.6844	1.3163	1.7081	2.0595	2.4851	2.7874
26	0.6840	1.3150	1.7056	2.0555	2.4786	2.7787
27	0.6837	1.3137	1.7033	2.0518	2.4727	2.7707
28	0.6834	1.3125	1.7011	2.0484	2.4671	2.7633
29	0.6830	1.3114	1.6991	2.0452	2.4620	2.7564
30	0.6828	1.3104	1.6973	2.0423	2.4573	2.7500

附表 4 χ^2 分布表

$P\{\chi^2(k) > \chi_\alpha^2\} = \alpha$

k \ α	0.995	0.99	0.975	0.95	0.90	0.75	0.25	0.10	0.05	0.025	0.01	0.005
1	—	—	0.001	0.004	0.016	0.102	1.323	2.706	3.841	5.024	6.635	7.879
2	0.010	0.020	0.051	0.103	0.211	0.575	2.773	4.605	5.991	7.378	9.210	10.597
3	0.072	0.115	0.216	0.352	0.584	1.213	4.108	6.251	7.815	9.348	11.345	12.838
4	0.207	0.297	0.484	0.711	1.064	1.923	5.385	7.779	9.488	11.143	13.277	14.860
5	0.412	0.554	0.831	1.145	1.610	2.675	6.626	9.236	11.071	12.833	15.086	16.750
6	0.676	0.872	1.237	1.635	2.204	3.455	7.841	10.645	12.592	14.449	16.812	18.548
7	0.989	1.239	1.690	2.167	2.833	4.255	9.037	12.017	14.067	16.013	18.475	20.278
8	1.344	1.646	2.180	2.733	3.490	5.071	10.219	13.362	15.507	17.535	20.090	21.955
9	1.735	2.088	2.700	3.325	4.168	5.899	11.389	14.684	16.919	19.023	21.666	23.589
10	2.156	2.558	3.247	3.940	4.865	6.737	12.549	15.987	18.307	20.483	23.209	25.188
11	2.603	3.053	3.816	4.575	5.578	7.584	13.701	17.275	19.675	21.920	24.725	26.757
12	3.074	3.571	4.404	5.226	6.304	8.438	14.845	18.549	21.026	23.337	26.217	28.299
13	3.565	4.107	5.009	5.892	7.042	9.299	15.984	19.812	22.362	24.736	27.688	29.819
14	4.075	4.660	5.629	6.571	7.790	10.165	17.117	21.064	23.685	26.119	29.141	31.319
15	4.601	5.229	6.262	7.261	8.547	11.037	18.245	22.307	24.996	27.488	30.578	32.801
16	5.142	5.812	6.908	7.962	9.312	11.912	19.369	23.542	26.296	28.845	32.000	34.267
17	5.697	6.408	7.564	8.672	10.085	12.792	20.489	24.769	27.587	30.191	33.409	35.718
18	6.265	7.015	8.231	9.390	10.865	13.675	21.605	25.989	28.869	31.526	34.805	37.156
19	6.844	7.633	8.907	10.117	11.651	14.562	22.718	27.204	30.144	32.852	36.191	38.582
20	7.434	8.260	9.591	10.851	12.443	15.452	23.828	28.412	31.410	34.170	37.566	39.997
21	8.034	8.897	10.283	11.591	13.240	16.344	24.935	29.615	32.671	35.479	38.932	41.401

(续)

k \ α	0.995	0.99	0.975	0.95	0.90	0.75	0.25	0.10	0.05	0.025	0.01	0.005
22	8.643	9.542	10.982	12.338	14.042	17.240	26.039	30.813	33.924	36.781	40.289	42.796
23	9.260	10.196	11.689	13.091	14.848	18.137	27.141	32.007	35.172	38.076	41.638	44.181
24	9.886	10.856	12.401	13.848	15.659	19.037	28.241	33.196	36.415	39.364	42.980	45.559
25	10.520	11.524	13.120	14.611	16.473	19.939	29.339	34.382	37.652	40.646	44.314	46.928
26	11.160	12.198	13.844	15.379	17.292	20.843	30.435	35.563	38.885	41.923	45.642	48.290
27	11.808	12.879	14.573	16.151	18.114	21.749	31.528	36.741	40.113	43.194	46.963	49.645
28	12.461	13.565	15.308	16.928	18.939	22.657	32.620	37.916	41.337	44.461	48.278	50.993
29	13.121	14.257	16.047	17.708	19.768	23.567	33.711	39.087	42.557	45.722	49.588	52.336
30	13.787	14.954	16.791	18.493	20.599	24.478	34.800	40.256	43.773	46.979	50.892	53.672
31	14.458	15.655	17.539	19.281	21.434	25.390	35.887	41.422	44.985	48.232	52.191	55.003
32	15.134	16.362	18.291	20.072	22.271	26.304	36.973	42.585	46.194	49.480	53.486	56.328
33	15.815	17.074	19.047	20.867	23.110	27.219	38.058	43.745	47.400	50.725	54.776	57.648
34	16.501	17.789	19.806	21.664	23.952	28.136	39.141	44.903	48.602	51.966	56.061	58.964
35	17.192	18.509	20.569	22.465	24.797	29.054	40.223	46.059	49.802	53.203	57.342	60.275
36	17.887	19.233	21.336	23.269	25.643	29.973	41.304	47.212	50.998	54.437	58.619	61.581
37	18.586	19.960	22.106	24.075	26.492	30.893	42.383	48.363	52.192	55.668	59.892	62.883
38	19.289	20.691	22.878	24.884	27.343	31.815	43.462	49.513	53.384	56.896	61.162	64.181
39	19.996	21.426	23.654	25.695	28.196	32.737	44.539	50.660	54.572	58.120	62.428	65.476
40	20.707	22.164	24.433	26.509	29.051	33.660	45.616	51.805	55.758	59.342	63.691	66.766
41	21.421	22.906	25.215	27.326	29.907	34.585	46.692	52.949	56.942	60.561	64.950	68.053
42	22.138	23.650	25.999	28.144	30.765	35.510	47.766	54.090	58.124	61.777	66.206	69.336
43	22.859	24.398	26.785	28.965	31.625	36.436	48.840	55.230	59.304	62.990	67.459	70.616
44	23.584	25.148	27.575	29.987	32.487	37.363	49.913	56.369	60.481	64.201	68.710	71.893
45	24.311	25.901	28.366	30.612	33.350	38.291	50.985	57.505	61.656	65.410	69.957	73.166

附表5 F分布表

$$p\{F(k_1,k_2)>F_\alpha\}=\alpha$$

附表 5-1 F 分布表 ($\alpha=0.005$)

k_2 \ k_1	1	2	3	4	5	6	8	12	24	∞
1	16211	20000	21615	22500	23056	23437	23925	24426	24940	25465
2	198.5	199.0	199.2	199.2	199.3	199.3	199.4	199.4	199.5	199.5
3	55.55	49.80	47.47	46.19	45.39	44.84	44.13	43.39	42.62	41.83
4	31.33	26.28	24.26	23.15	22.46	21.97	21.35	20.70	20.03	19.32
5	22.78	18.31	16.53	15.56	14.94	14.51	13.96	13.38	12.78	12.14
6	18.63	14.45	12.92	12.03	11.46	11.07	10.57	10.03	9.47	8.88
7	16.24	12.40	10.88	10.05	9.52	9.16	8.68	8.18	7.65	7.08
8	14.69	11.04	9.60	8.81	8.30	7.95	7.50	7.01	6.50	5.95
9	13.61	10.11	8.72	7.96	7.47	7.13	6.69	6.23	5.73	5.19
10	12.83	9.43	8.08	7.34	6.87	6.54	6.12	5.66	5.17	4.64
11	12.23	8.91	7.60	6.88	6.42	6.10	5.68	5.24	4.76	4.23
12	11.75	8.51	7.23	6.52	6.07	5.76	5.35	4.91	4.43	3.90
13	11.37	8.19	6.93	6.23	5.79	5.48	5.08	4.64	4.17	3.65
14	11.06	7.92	6.68	6.00	5.56	5.26	4.86	4.43	3.96	3.44
15	10.80	7.70	6.48	5.80	5.37	5.07	4.67	4.25	3.79	3.26
16	10.58	7.51	6.30	5.64	5.21	4.91	4.52	4.10	3.64	3.11
17	10.38	7.35	6.16	5.50	5.07	4.78	4.39	3.97	3.51	2.98
18	10.22	7.21	6.03	5.37	4.96	4.66	4.28	3.86	3.40	2.87
19	10.07	7.09	5.92	5.27	4.85	4.56	4.18	3.76	3.31	2.78
20	9.94	6.99	5.82	5.17	4.76	4.47	4.09	3.68	3.22	2.69
21	9.83	6.89	5.73	5.09	4.68	4.39	4.01	3.60	3.15	2.61
22	9.73	6.81	5.65	5.02	4.61	4.32	3.94	3.54	3.08	2.55
23	9.63	6.73	5.58	4.95	4.54	4.26	3.88	3.47	3.02	2.48
24	9.55	6.66	5.52	4.89	4.49	4.20	3.83	3.42	2.97	2.43
25	9.48	6.60	5.46	4.84	4.43	4.15	3.78	3.37	2.92	2.38
26	9.41	6.54	5.41	4.79	4.38	4.10	3.73	3.33	2.87	2.33
27	9.34	6.49	5.36	4.74	4.34	4.06	3.69	3.28	2.83	2.29
28	9.28	6.44	5.32	4.70	4.30	4.02	3.65	3.25	2.79	2.25
29	9.23	6.40	5.28	4.66	4.26	3.98	3.61	3.21	2.76	2.21
30	9.18	6.35	5.24	4.62	4.23	3.95	3.58	3.18	2.73	2.18
40	8.83	6.07	4.98	4.37	3.99	3.71	3.35	2.95	2.50	1.93
60	8.49	5.79	4.73	4.14	3.76	3.49	3.13	2.74	2.29	1.69
120	8.18	5.54	4.50	3.92	3.55	3.28	2.93	2.54	2.09	1.43

附表 5-2　F 分布表　　　　　　　　　　　　　　　($\alpha=0.025$)

F_α k_1 / k_2	1	2	3	4	5	6	8	12	24	∞
1	647.8	799.5	864.2	899.6	921.8	937.1	956.7	976.7	997.2	1018
2	38.51	39.00	39.17	39.25	39.30	39.33	39.37	39.41	39.46	39.50
3	17.44	16.04	15.44	15.10	14.88	14.73	14.54	14.34	14.12	13.90
4	12.22	10.65	9.98	9.60	9.36	9.20	8.98	8.75	8.51	8.26
5	10.01	8.43	7.76	7.39	7.15	6.98	6.76	6.52	6.28	6.02
6	8.81	7.26	6.60	6.23	5.99	5.82	5.60	5.37	5.12	4.85
7	8.07	6.54	5.89	5.52	5.29	5.12	4.90	4.67	4.42	4.14
8	7.57	6.06	5.42	5.05	4.82	4.65	4.43	4.20	3.95	3.67
9	7.21	5.71	5.08	4.72	4.48	4.32	4.10	3.87	3.61	3.33
10	6.94	5.46	4.83	4.47	4.24	4.07	3.85	3.62	3.37	3.08
11	6.72	5.26	4.63	4.28	4.04	3.88	3.66	3.43	3.17	2.88
12	6.55	5.10	4.47	4.12	3.89	3.73	3.51	3.28	3.02	2.72
13	6.41	4.97	4.35	4.00	3.77	3.60	3.39	3.15	2.89	2.60
14	6.30	4.86	4.24	3.89	3.66	3.50	3.29	3.05	2.79	2.49
15	6.20	4.77	4.15	3.80	3.58	3.41	3.20	2.96	2.70	2.40
16	6.12	4.69	4.08	3.73	3.50	3.34	3.12	2.89	2.63	2.32
17	6.04	4.62	4.01	3.66	3.44	3.28	3.06	2.82	2.56	2.25
18	5.98	4.56	3.95	3.61	3.38	3.22	3.01	2.77	2.50	2.19
19	5.92	4.51	3.90	3.56	3.33	3.17	2.96	2.72	2.45	2.13
20	5.87	4.46	3.86	3.51	3.29	3.13	2.91	2.6	2.41	2.09
21	5.83	4.42	3.82	3.48	3.25	3.09	2.87	2.64	2.37	2.04
22	5.79	4.38	3.78	3.44	3.22	3.05	2.84	2.60	2.33	2.00
23	5.75	4.35	3.75	3.41	3.18	3.02	2.81	2.57	2.30	1.97
24	5.72	4.32	3.72	3.38	3.15	2.99	2.78	2.54	2.27	1.94
25	5.69	4.29	3.69	3.35	3.13	2.97	2.75	2.51	2.24	1.91
26	5.66	4.27	3.67	3.33	3.10	2.94	2.73	2.49	2.22	1.88
27	5.63	4.24	3.65	3.31	3.08	2.92	2.71	2.47	2.19	1.85
28	5.61	4.22	3.63	3.29	3.06	2.90	2.69	2.45	2.17	1.83
29	5.59	4.20	3.61	3.27	3.04	2.88	2.67	2.43	2.15	1.81
30	5.57	4.18	3.59	3.25	3.03	2.87	2.65	2.41	2.14	1.79
40	5.42	4.05	3.46	3.13	2.90	2.74	2.53	2.29	2.01	1.64
60	5.29	3.93	3.34	3.01	2.79	2.63	2.41	2.17	1.88	1.48
120	5.15	3.80	3.23	2.89	2.67	2.52	2.30	2.05	1.76	1.31
∞	5.02	3.69	3.12	2.79	2.57	2.41	2.19	1.94	1.64	1.00

附表 5-2　F 分布表　　　　　　　　　($\alpha=0.01$)

k_2 \ k_1	1	2	3	4	5	6	8	12	24	∞
1	4052	4999	5403	5625	5764	5859	5981	6106	6234	6366
2	98.49	99.01	99.17	99.25	99.30	99.33	99.36	99.42	99.46	99.50
3	34.12	30.81	29.46	28.71	28.24	27.91	27.49	27.05	26.60	26.12
4	21.20	18.00	16.69	15.98	15.52	15.21	14.80	14.37	13.93	13.46
5	16.26	13.27	12.06	11.39	10.97	10.67	10.29	9.89	9.47	9.03
6	13.74	10.92	9.78	9.15	8.75	8.47	8.10	7.72	7.31	6.88
7	12.25	9.55	8.45	7.85	7.46	7.19	6.84	6.47	6.07	5.65
8	11.26	8.65	7.59	7.01	6.63	6.37	6.03	5.67	5.28	4.86
9	10.56	8.02	6.99	6.42	6.06	5.80	5.47	5.11	4.73	4.31
10	10.04	7.56	6.55	5.99	5.64	5.39	5.06	4.71	4.33	3.91
11	9.65	7.20	6.22	5.67	5.32	5.07	4.74	4.40	4.02	3.60
12	9.33	6.93	5.95	5.41	5.06	4.82	4.50	4.16	3.78	3.36
13	9.07	6.70	5.74	5.20	4.86	4.62	4.30	3.96	3.59	3.16
14	8.86	6.51	5.56	5.03	4.69	4.46	4.14	3.80	3.43	3.00
15	8.68	6.36	5.42	4.89	4.56	4.32	4.00	3.67	3.29	2.87
16	8.53	6.23	5.29	4.77	4.44	4.20	3.89	3.55	3.18	2.75
17	8.40	6.11	5.18	4.67	4.34	4.10	3.79	3.45	3.08	2.65
18	8.28	6.01	5.09	4.58	4.25	4.01	3.71	3.37	3.00	2.57
19	8.18	5.93	5.01	4.50	4.17	3.94	3.63	3.30	2.92	2.49
20	8.10	5.85	4.94	4.43	4.10	3.87	3.56	3.23	2.86	2.42
21	8.02	5.78	4.87	4.37	4.04	3.81	3.51	3.17	2.80	2.36
22	7.94	5.72	4.82	4.31	3.99	3.76	3.45	3.12	2.75	2.31
23	7.88	5.66	4.76	4.26	3.94	3.71	3.41	3.07	2.70	2.26
24	7.82	5.61	4.72	4.22	3.90	3.67	3.36	3.03	2.66	2.21
25	7.77	5.57	4.68	4.18	3.86	3.63	3.32	2.99	2.62	2.17
26	7.72	5.53	4.64	4.14	3.82	3.59	3.29	2.96	2.58	2.13
27	7.68	5.49	4.60	4.11	3.78	3.56	3.26	2.93	2.55	2.10
28	7.64	5.45	4.57	4.07	3.75	3.53	3.23	2.90	2.52	2.06
29	7.60	5.42	4.54	4.04	3.73	3.50	3.20	2.87	2.49	2.03
30	7.56	5.39	4.51	4.02	3.70	3.47	3.17	2.84	2.47	2.01
40	7.31	5.18	4.31	3.83	3.51	3.29	2.99	2.66	2.29	1.80
60	7.08	4.98	4.13	3.65	3.34	3.12	2.82	2.50	2.12	1.60
120	6.85	4.79	3.95	3.48	3.17	2.96	2.66	2.34	1.95	1.38
∞	6.64	4.60	3.78	3.32	3.02	2.80	2.51	2.18	1.79	1.00

附表 5-4　F 分布表　　　　　　　　　　　　　　　　($\alpha=0.05$)

F_α k_1 / k_2	1	2	3	4	5	6	8	12	24	∞
1	161.4	199.5	215.7	224.6	230.2	234.0	238.9	243.9	249.0	254.3
2	18.51	19.00	19.16	19.25	19.30	19.33	19.37	19.41	19.45	19.50
3	10.13	9.55	9.28	9.12	9.01	8.94	8.84	8.74	8.64	8.53
4	7.71	6.94	6.59	6.39	6.26	6.16	6.04	5.91	5.77	5.63
5	6.61	5.79	5.41	5.19	5.05	4.95	4.82	4.68	4.53	4.36
6	5.99	5.14	4.76	4.53	4.39	4.28	4.15	4.00	3.84	3.67
7	5.59	4.74	4.35	4.12	3.97	3.87	3.73	3.57	3.41	3.23
8	5.32	4.46	4.07	3.84	3.69	3.58	3.44	3.28	3.12	2.93
9	5.12	4.26	3.86	3.63	3.48	3.37	3.23	3.07	2.90	2.71
10	4.96	4.10	3.71	3.48	3.33	3.22	3.07	2.91	2.74	2.54
11	4.84	3.98	3.59	3.36	3.20	3.09	2.95	2.79	2.61	2.40
12	4.75	3.88	3.49	3.26	3.11	3.00	2.85	2.69	2.50	2.30
13	4.67	3.80	3.41	3.18	3.02	2.92	2.77	2.60	2.42	2.21
14	4.60	3.74	3.34	3.11	2.96	2.85	2.70	2.53	2.35	2.13
15	4.54	3.68	3.29	3.06	2.90	2.79	2.64	2.48	2.29	2.07
16	4.49	3.63	3.24	3.01	2.85	2.74	2.59	2.42	2.24	2.01
17	4.45	3.59	3.20	2.96	2.81	2.70	2.55	2.38	2.19	1.96
18	4.41	3.55	3.16	2.93	2.77	2.66	2.51	2.34	2.15	1.92
19	4.38	3.52	3.13	2.90	2.74	2.63	2.48	2.31	2.11	1.88
20	4.35	3.49	3.10	2.87	2.71	2.60	2.45	2.28	2.08	1.84
21	4.32	3.47	3.07	2.84	2.68	2.57	2.42	2.25	2.05	1.81
22	4.30	3.44	3.05	2.82	2.66	2.55	2.40	2.23	2.03	1.78
23	4.28	3.42	3.03	2.80	2.64	2.53	2.38	2.20	2.00	1.76
24	4.26	3.40	3.01	2.78	2.62	2.51	2.36	2.18	1.98	1.73
25	4.24	3.38	2.99	2.76	2.60	2.49	2.34	2.16	1.96	1.71
26	4.22	3.37	2.98	2.74	2.59	2.47	2.32	2.15	1.95	1.69
27	4.21	3.35	2.96	2.73	2.57	2.46	2.30	2.13	1.93	1.67
28	4.20	3.34	2.95	2.71	2.56	2.44	2.29	2.12	1.91	1.65
29	4.18	3.33	2.93	2.70	2.54	2.43	2.28	2.10	1.90	1.64
30	4.17	3.32	2.92	2.69	2.53	2.42	2.27	2.09	1.89	1.62
40	4.08	3.23	2.84	2.61	2.45	2.34	2.18	2.00	1.79	1.51
60	4.00	3.15	2.76	2.52	2.37	2.25	2.10	1.92	1.70	1.39
120	3.92	3.07	2.68	2.45	2.29	2.17	2.02	1.83	1.61	1.25
∞	3.84	2.99	2.60	2.37	2.21	2.09	1.94	1.75	1.52	1.00

附表 5-5　F 分布表　　　　　　　　　　　　　　　　($\alpha=0.10$)

k_2 \ k_1	1	2	3	4	5	6	8	12	24	∞
1	39.86	49.50	53.59	55.83	57.24	58.20	59.44	60.71	62.00	63.33
2	8.53	9.00	9.16	9.24	9.29	9.33	9.37	9.41	9.45	9.49
3	5.54	5.46	5.39	5.34	5.31	5.28	5.25	5.22	5.18	5.13
4	4.54	4.32	4.19	4.11	4.05	4.01	3.95	3.90	3.83	3.76
5	4.06	3.78	3.62	3.52	3.45	3.40	3.34	3.27	3.19	3.10
6	3.78	3.46	3.29	3.18	3.11	3.05	2.98	2.90	2.82	2.72
7	3.59	3.26	3.07	2.96	2.88	2.83	2.75	2.67	2.58	2.47
8	3.46	3.11	2.92	2.81	2.73	2.67	2.59	2.50	2.40	2.29
9	3.36	3.01	2.81	2.69	2.61	2.55	2.47	2.38	2.28	2.16
10	3.29	2.92	2.73	2.61	2.52	2.46	2.38	2.28	2.18	2.06
11	3.23	2.86	2.66	2.54	2.45	2.39	2.30	2.21	2.10	1.97
12	3.18	2.81	2.61	2.48	2.39	2.33	2.24	2.15	2.04	1.90
13	3.14	2.76	2.56	2.43	2.35	2.28	2.20	2.10	1.98	1.85
14	3.10	2.73	2.52	2.39	2.31	2.24	2.15	2.05	1.94	1.80
15	3.07	2.70	2.49	2.36	2.27	2.21	2.12	2.02	1.90	1.76
16	3.05	2.67	2.46	2.33	2.24	2.18	2.09	1.99	1.87	1.72
17	3.03	2.64	2.44	2.31	2.22	2.15	2.06	1.96	1.84	1.69
18	3.01	2.62	2.42	2.29	2.20	2.13	2.04	1.93	1.81	1.66
19	2.99	2.61	2.40	2.27	2.18	2.11	2.02	1.91	1.79	1.63
20	2.97	2.59	2.38	2.25	2.16	2.09	2.00	1.89	1.77	1.61
21	2.96	2.57	2.36	2.23	2.14	2.08	1.98	1.87	1.75	1.59
22	2.95	2.56	2.35	2.22	2.13	2.06	1.97	1.86	1.73	1.57
23	2.94	2.55	2.34	2.21	2.11	2.05	1.95	1.84	1.72	1.55
24	2.93	2.54	2.33	2.19	2.10	2.04	1.94	1.83	1.70	1.53
25	2.92	2.53	2.32	2.18	2.09	2.02	1.93	1.82	1.69	1.52
26	2.91	2.52	2.31	2.17	2.08	2.01	1.92	1.81	1.68	1.50
27	2.90	2.51	2.30	2.17	2.07	2.00	1.91	1.80	1.67	1.49
28	2.89	2.50	2.29	2.16	2.06	2.00	1.90	1.79	1.66	1.48
29	2.89	2.50	2.28	2.15	2.06	1.99	1.89	1.78	1.65	1.47
30	2.88	2.49	2.28	2.14	2.05	1.98	1.88	1.77	1.64	1.46
40	2.84	2.44	2.23	2.09	2.00	1.93	1.83	1.71	1.57	1.38
60	2.79	2.39	2.18	2.04	1.95	1.87	1.77	1.66	1.51	1.29
120	2.75	2.35	2.13	1.99	1.90	1.82	1.72	1.60	1.45	1.19
∞	2.71	2.30	2.08	1.94	1.85	1.17	1.67	1.55	1.38	1.00